.

# Criar cerdos

*La guía imprescindible para criar cerdos en su granja*

# Tabla de contenidos

# Introducción

La cría de cerdos es una empresa rentable que resulta fácil si tiene esta guía a mano. Cada capítulo proporciona información detallada para ayudar tanto a los principiantes como a los criadores experimentados en su camino hacia la cría de cerdos. Siguiendo las recomendaciones de este libro es posible disfrutar de la vida mientras cría cerdos sin enfrentar los retos de la mayoría de los criadores.

Algunos libros del mercado afirman tener conocimientos profundos sobre la cría de cerdos. Este libro está actualizado y presenta todas las prácticas modernas asociadas a la cría actual. Este libro tiene un lenguaje fácil de entender, tanto para los principiantes como para los criadores de cerdos con experiencia.

La cría de cerdos requiere un enfoque práctico. Por ello, este libro contiene métodos e instrucciones prácticas con un lenguaje accesible y cercano. Además, el libro responde a las necesidades de los distintos criadores de cerdos de todo el mundo. Tanto si se encuentra en Estados Unidos como en Sudáfrica, las acciones prácticas de este libro beneficiarán a todos los criadores de cerdos, independientemente del tamaño de sus operaciones o de su ubicación.

# Capítulo 1: Por qué criar cerdos - Carne, compost o mascotas

A pesar de su reputación, los cerdos no son animales «sucios». De hecho, son animales limpios que se revuelcan en el barro como mecanismo para refrescarse en un entorno caluroso. Los cerdos que viven en climas fríos no necesitan revolcarse en el barro y, por tanto, se mantienen «limpios». Los cerdos son excelentes animales domésticos que pueden ser fuente de alimento o mascotas. Los siguientes datos le ayudarán a comprender mejor a los cerdos.

## Datos sobre los cerdos y sus finalidades

### Historia

Los cerdos, también conocidos como chanchos o puercos, son animales domésticos cuya carne se consume popularmente en todo el mundo. Los historiadores empezaron a documentar la cría de estos animales en Europa, Asia y el norte de África hace unos 9.000 años. Desde entonces, muchos granjeros criaron cerdos, y a finales del siglo XX, los cerdos tenían un nombre familiar, debido a las mejoradas técnicas de cría y alimentación.

Hay muchas especies de cerdos, incluido el jabalí, que es un cerdo doméstico macho no castrado. El término jabalí se utiliza generalmente para referirse a un cerdo salvaje. Un cerdo puede pesar desde 300 lbs. (136 kg) a 1000 lbs. (454 kg). En promedio, un cerdo puede llegar a medir 70 cm de largo.

En la actualidad, hay más de dos mil millones de cerdos domésticos en todo el mundo. Estos animales están distribuidos en diferentes partes del mundo. Pueden sobrevivir en diferentes hábitats, y los científicos han atribuido su increíble resistencia a altos niveles de inteligencia. Pero los cerdos se sienten cómodos en ambientes fríos y en climas cálidos.

## Medio ambiente

En contra de la creencia popular, los cerdos son animales relativamente limpios. Revolcarse en el barro les ayuda a regular su temperatura corporal porque biológicamente no pueden sudar como los humanos u otros animales. También les permite crear un entorno desfavorable para los parásitos. Estas fascinantes criaturas mantienen sus desechos lejos de donde viven o comen.

## Inteligencia

Los cerdos son animales inteligentes. Las personas que trabajan con cerdos saben que son animales muy inteligentes. Por ejemplo, ¿sabía que los cerdos pueden recordar objetos, lugares y otros elementos que les ayudan a orientarse en su entorno? Tienen una memoria excelente y pueden recordar información durante años. Y también pueden percibir el tiempo. Los cerdos son curiosos y les gusta buscar comida mientras exploran el terreno.

## Habilidades sociales

Aunque no siempre parece la primera opción, muchas personas tienen cerdos como mascotas. Al ser bastante juguetones, junto con otros atributos sociales, los cerdos han sido descritos por muchas personas como grandes mascotas debido a la variedad de características que muestran.

Prefieren viajar en grupos íntimos, conocidos como piaras, formados por hembras y sus crías. Estos grupos les ayudan a mantenerse calientes durante las estaciones frías. Los cerdos deben mantenerse dentro de sus círculos sociales, ya que el aislamiento les causa estrés e incomodidad, pero cuando están preñados o enfermos, el aislamiento es la estrategia a seguir.

## Comunicación y defensa

Los cerdos se comunican mediante gruñidos y chillidos. El gruñido de un cerdo depende de la «personalidad» del animal y de la exposición al peligro. Los gruñidos y los chillidos largos son la forma que tiene el cerdo de alertar a los demás sobre amenazas inminentes. En tal caso, el principal mecanismo de defensa de un cerdo es huir, y le sorprenderá descubrir que los cerdos son reconocidos velocistas. Pueden correr hasta a diez millas por hora (17 km/h), y los cerdos salvajes pueden correr a velocidades de hasta 30 millas por hora (50 km/h). Este ritmo no es sostenible, ya que se cansan rápidamente. Si correr no es una opción, los cerdos pueden utilizar sus colmillos como armas si se sienten amenazados. Algunos tienen colmillos de gran tamaño, muy afilados, que pueden causar heridas importantes. Hay que tener cuidado cuando se manipula a las cerdas con lechones, pero en general los cerdos no son animales agresivos.

## Reproducción

La reproducción del cerdo tarda unos cuatro meses. Esta es una característica muy deseable en el ganado, especialmente en comparación con la vaca que gesta durante aproximadamente nueve meses. Además, un cerdo puede tener una camada de entre seis y doce lechones, en comparación con una vaca, que da a luz a una o dos crías como máximo cada vez. A diferencia de otros animales de ganadería, un lechón puede duplicar su tamaño una semana después de su nacimiento. Los lechones recién nacidos aprenden rápidamente a responder a la voz de su madre, que suele utilizar gruñidos para comunicarse con sus crías mientras las amamanta. Por eso, en el pasado, los ganaderos preferían criar cerdos más que cualquier otro animal, ya que pueden producir mucha carne a un ritmo muy veloz.

### Visión y oído

Por último, los cerdos no tienen una buena visión. Pueden distinguir los colores, pero su rango de visión es limitado. Para compensarlo, tienen un gran sentido del olfato y del oído. Rápidamente se dará cuenta de que los cerdos no se sienten cómodos con los sonidos fuertes. La exposición prolongada a este tipo de ruidos sobresalta a los cerdos y puede causarles mucho estrés, así que considere la posibilidad de mantenerlos en un ambiente tranquilo. No entre a las pocilgas dando portazos o haciendo ruidos fuertes. Como mascotas, disfrutan escuchando música suave y recibiendo masajes ocasionales.

# Razones para tener cerdos

### Carne

La cría de cerdos para carne comercial es una de las empresas agrícolas más rentables, independientemente del tamaño de la granja. En todo el mundo, la cría de cerdos con fines comerciales es un negocio bastante lucrativo. Por ejemplo, China es el país con mayor número de cerdos, con más de 310 millones, seguido de Europa, EE. UU. y Brasil.

### Ventajas de la cría de cerdos para carne comercial

Los productos porcinos, como la carne de cerdo y el tocino, están siempre en demanda. Existe una demanda creciente de ambos productos procedentes de cerdos de granjas tradicionales. Aproximadamente el 35% de toda la carne consumida por los humanos es de cerdo. Y, aún mejor, este porcentaje crece a un ritmo constante cada año. No podría haber época mejor para criar cerdos para carne, ya que la producción mundial ha descendido aproximadamente un 7% debido a la crisis del 2020, y un 2% más por cortesía de la gripe porcina africana, que asoló el mercado asiático.

Esto ha generado que los ganaderos amplíen sus rebaños para hacer frente a la creciente demanda de carne de cerdo.

La cría de cerdos para carne es relativamente sencilla y elemental. La mayoría de los ganaderos tienen una idea aproximada del tipo de carne que les gustaría vender o conservar para consumo personal. Para mucha gente, las opciones en cuanto al cerdo giran en torno al tocino y la carne; algunos nichos requieren un tipo especial de producto porcino. En dado caso, hay que utilizar métodos únicos para satisfacer la demanda. Las opciones más populares son las salchichas de cerdo, las hamburguesas, las chuletas y el tocino.

El mantenimiento de los cerdos es relativamente barato, sobre todo en comparación con otros animales como las vacas. Por ello, los ganaderos prefieren criar cerdos para la producción de carne comercial por su coste de mantenimiento relativamente bajo, junto con la capacidad para producir mucha carne rápidamente. Los cerdos, a diferencia de la mayoría de los animales de granja, pueden comer prácticamente de todo. Son animales omnívoros. Estos animales tienen una capacidad de reproducción única que hará que su inversión se vea rápidamente recompensada. Una cerda puede parir dos veces al año una camada de hasta doce lechones. En un corto periodo de tiempo, está casi garantizado que duplicará el número de cerdos de su granja.

Mientras que las vacas necesitan pastos y campos en los que pastar, los cerdos comerán más o menos cualquier cosa que les ponga. Por ejemplo, puede darles de comer residuos de cocina o incluso restos de comida. Son animales versátiles que pueden criarse en cualquier parte del mundo con residuos orgánicos. Además, la tasa de conversión de alimento en carne es mejor que el de cualquier otro ganado. Esto significa que cuanto más alimento comen, más crecen y convierten el alimento en carne. La combinación de estos factores hace que la cría de cerdos sea una buena inversión.

### Desafíos de la cría de cerdos para carne comercial

La cría de cerdos para carne requiere una buena cantidad de procesamiento. Para los pequeños ganaderos, esto puede suponer un reto importante. Por ejemplo, en Estados Unidos, los pequeños ganaderos informaron este reto en Minnesota. Aproximadamente el 17% de todos los ganaderos declararon tener acceso adecuado al procesamiento. Considere la posibilidad de disponer del procesamiento de su carne si tiene previsto distribuirla directamente a un mercado determinado. Alternativamente, considere la posibilidad de reservar fondos para cubrir los gastos del procesamiento.

Otro reto que encuentran los ganaderos al criar cerdos para carne comercial es la gestión de los cuerpos de los cerdos. Muchos ganaderos, tanto a pequeña como a gran escala, tienen dificultades para distribuir la carne de cerdo, incluido el cuerpo entero. Aprovechar todo el valor del cerdo será un reto constante. En la mayoría de los mercados, especialmente en EE. UU. y Europa, los componentes del cuerpo del cerdo, incluidos los subproductos, no contribuyen a los ingresos globales que recibe el ganadero. En este caso, debe vender los cerdos enteros si se presenta la oportunidad.

### Criar cerdos para compost

Si tiene una granja, una de las cosas con las que debe lidiar es el estiércol. Criar cerdos es una buena manera de convertir los residuos en compost para las plantas y el jardín. El compost, también conocido como «oro negro», trae beneficios porque añade nutrientes y organismos benéficos al suelo. Además, es bueno para el medio ambiente en general, al igual que el compostaje y el reciclaje de los residuos de la cocina y el jardín.

Los primeros agricultores solían labrar la tierra con estiércol de cerdo para que se descompusiera y se convirtiera en nutrientes fundamentales para los siguientes cultivos. Hoy en día, esta práctica es poco habitual, ya que el estiércol de cerdo es portador de una serie de bacterias y parásitos perjudiciales. El compostaje de cerdos es una de las principales razones por las que debería criar cerdos en su granja.

## Cómo utilizar el estiércol de cerdo para el compostaje

La clave para un compostaje eficaz es mezclar los ingredientes adecuados a una temperatura elevada. Una forma de trabajar cómodamente es añadir estiércol de cerdo a una pila de compost formada por residuos vegetales, hojas muertas, malas hierbas y hierba seca y dejar que la mezcla se descomponga. Considere también la posibilidad de calentar la pila de compost, ya que la temperatura y el abono van de la mano. La temperatura debe oscilar entre 30 y 60 grados Celsius. El calor destruirá los organismos vivos no deseados, incluidas las semillas y las posibles malas hierbas. El calor también ayuda a que la pila de estiércol se convierta en compost rápidamente.

Un aspecto crucial del compostaje es la aireación. Hay que dejar que el aire fluya en la mezcla para que la pila se convierta en compost. Remover la mezcla con frecuencia utilizando un rastrillo, una pala o una horquilla es una buena manera de aumentar el flujo de aire en la pila. Introduce cualquiera de estos equipos agrícolas en el fondo de la pila y llévalos a la parte superior. Considere la posibilidad de repetir este movimiento al menos una vez cada tres semanas. El compost debería estar listo para su uso después de aproximadamente cuatro meses, pero cuanto más tiempo permanezca el compost, más rico será.

La humedad es clave para activar el compost. Si el abono está demasiado seco, todos los nutrientes y microorganismos que viven en su interior morirán, y no podrán activar el compost de forma eficaz. Considere la posibilidad de añadir bastante humedad a la pila. Una forma de comprobar rápidamente si hay humedad en el abono es meter la mano y apretar. Si no se siente como una esponja húmeda, entonces la pila está bastante seca.

## Desafíos de la cría de cerdos para estiércol y compostaje

Si no calienta bien la pila de estiércol de cerdo y residuos vegetales o no lo hace durante el tiempo suficiente, se producirá un olor bastante desagradable. Además, puede tardar aún más en descomponerse y convertirse en compost. Este es uno de los retos que los agricultores, especialmente los de pequeña escala, encuentran al convertir el estiércol de cerdo en compost.

Y el exceso de humedad solo provoca mal olor, moscas y crea un caldo de cultivo para bacterias y organismos vivos nocivos. Esto ocurre cuando se añade material fresco, como verduras y hojas, sin el equilibrio adecuado.

### Tener cerdos como mascotas

Los cerdos son animales inteligentes, simpáticos y sociales. Todas estas cualidades combinadas hacen de los cerdos uno de los mejores animales para tener como mascotas. Los cerdos de compañía también se llaman «minicerdos o *minipig*», cerdos miniatura. Entre las razas más comunes de cerdos para mascotas se encuentra el cerdo de la isla de Ossabaw. El número de propietarios de minicerdos aumenta cada año. Por ejemplo, en Canadá y Estados Unidos había más de 200.000 minicerdos en 1998. Desde entonces, esta cifra se ha disparado a más de un millón en los últimos años.

Y es que estos animales son divertidos: su vida media oscila entre los 10 y los 15 años. Los criadores de cerdos deben tener en cuenta algunos factores antes de tener un cerdo como mascota.

### Consideraciones legales

Aunque considere un cerdo como mascota, en la mayoría de los países del mundo están reconocidos legalmente como animales de granja. Afortunadamente, algunos estados conceden permisos que permiten a los residentes tener cerdos como mascotas. Debe revisar las normas y reglamentos respecto a la domesticación de estos animales, dependiendo de su país y ubicación. Por ejemplo, Escocia no permite a los residentes pasear cerdos con correa como si fueran un perro.

Consulte a las autoridades locales antes de tener un cerdo como mascota. Además, guarde todos los registros, incluidas las vacunas, los medicamentos, las visitas a la clínica veterinaria, etc., para evitar complicaciones legales.

### ¿Qué comen los cerdos de compañía?

Al igual que los perros y los gatos, los cerdos tienen sus propias necesidades alimentarias, que difieren de las de otros animales de compañía. A la hora de alimentar a un cerdo de compañía, es esencial recordar que estos animales tienen una de las mejores relaciones entre alimento y carne, lo que significa que crecen rápidamente con un mayor consumo de comida. Para evitar la obesidad de su cerdo mascota, considere la posibilidad de alimentarlo con alimentos comerciales regulados.

Sin embargo, a la mayoría de los cerdos de compañía les gusta alimentarse con pienso (alimento balanceado), que se pueden conseguir fácilmente en muchos proveedores de granjas. Considere la posibilidad de dar al animal un puñado cada mañana y cada noche, y considere la posibilidad de complementar la dieta con frutas y verduras, ya que los cerdos también disfrutan de estas opciones. Tenga en cuenta que la mayoría de los países no recomiendan alimentar a los cerdos con desechos o restos de comida. De hecho, muchos lo consideran ilegal.

Por último, su mascota, al igual que nosotros los humanos, necesita una buena cantidad de agua cada día. La cantidad de agua que necesita un cerdo varía según el tamaño del animal. Por ejemplo, un «minicerdo» o un cerdo miniatura puede beber hasta cinco litros de agua al día. Pero su cerdo necesitará tener acceso a agua fresca y limpia todos los días. Recuerde que a los cerdos les gusta forrajear y de vez en cuando meten las patas y el cuerpo en el abrevadero, lo que ensucia el agua. Por ello, es posible que tenga que cambiar el agua varias veces al día para mantenerla fresca y limpia.

### Bienestar

Como se ha mencionado anteriormente, los cerdos son animales inteligentes. Su enriquecimiento cognitivo, físico y social es una parte vital de su bienestar. Considere la posibilidad de dar a su cerdo juguetes duraderos con los que pueda jugar y forrajear, y considere la posibilidad de mantenerlos en parejas o grupos para su bienestar social.

Los minicerdos necesitan un alojamiento y un refugio decentes. Debe ser seco, seguro, ventilado y estar bien mantenido. Afortunadamente, los cerdos suelen ser limpios y limitan sus actividades de aseo a una sola zona. Considere la posibilidad de dar a sus cerdos un refugio decente para que formen un hogar. Recuerde también que los lechones jóvenes son vulnerables, así que considere la posibilidad de mantenerlos en una zona cálida y segura durante las primeras semanas.

## Desafíos de tener cerdos como mascotas

Los cerdos plantean varios retos a los propietarios de mascotas. En primer lugar, no hay forma de predecir hasta qué punto crecerá el cerdo. La mayoría de los propietarios de cerdos compran estos animales cuando son relativamente jóvenes y pequeños. Los cerdos pueden crecer hasta alcanzar tamaños enormes y, como ya se ha dicho, su proporción de comida por carne es relativamente alta. Un cerdo puede crecer y pesar hasta 450 kg, lo que dificulta su mantenimiento como mascota. Hay razas específicas, como la raza *Ossabaw*, los minicerdos *Göttingen* y los cerdos Juliana, que no alcanzan estos tamaños astronómicos. Pero sigue siendo algo difícil determinar hasta qué punto crecerán los cerdos cuando los adquiere por primera vez.

Los cerdos requieren muchos cuidados. Por ejemplo, a medida que crecen, necesitarán un nuevo alojamiento o refugio debido al considerable aumento de tamaño. En segundo lugar, los minicerdos necesitan que se les engrase antes de salir al sol debido a la sensibilidad de su piel. En tercer lugar, una dieta y nutrición deficientes pueden provocar convulsiones y artritis, que son difíciles de tratar en los cerdos. También son vulnerables a los ataques de los perros. En muchos sentidos, estos animales necesitan cuidados, atención y tiempo, que los propietarios no siempre tienen.

Los cerdos son buscadores y exploradores por naturaleza. Su comportamiento natural de búsqueda de comida puede destruir objetos de la casa, como muebles, o del exterior, como flores y equipos de jardinería. Si se aburren, su naturaleza curiosa les llevará a explorar los entornos cercanos. En el proceso, pueden perderse o herirse si se encuentran con animales como los perros.

Las cerdas (hembras de cerdo) entrarán en celo unas semanas después de nacer, y este proceso continuará cada tres semanas. Si tienen hijos, las cerdas se vuelven agresivas y territoriales. Lo mismo ocurre con los verracos. El comportamiento agresivo puede provocar lesiones o la destrucción de la propiedad. Considere un comportamiento amistoso y tranquilo cuando maneje estos animales para reducir cualquier posibilidad de ansiedad o comportamientos agresivos.

La mayoría de estos problemas de los cerdos pueden evitarse con un conocimiento más profundo del animal. Los cerdos son divertidos y han demostrado ser compañeros leales. Un conocimiento profundo de estos animales le ayudará a evitar la mayoría de estos retos si quiere convertirse en propietario de un minicerdo.

# Capítulo 2: Elección de la raza adecuada

Los cerdos son animales inteligentes. Es muy beneficioso tenerlos cerca y se les considera animales sociales. Son omnívoros, lo que significa que se alimentan de plantas, animales y casi todo lo demás. Los cerdos domésticos se crían con fines comerciales para producir carne de cerdo, jamón o tocino. Otros cerdos se mantienen como mascotas, como los *Kune Kune*.

Existen diferentes tipos de cerdos. Se pueden elegir cerdos machos, comúnmente llamados *verracos*, o hembras, conocidas como *cerdas*. Estos cerdos vienen en muchos colores, como marrón, blanco, tostado, rojo, dorado, jengibre, crema y negro. Tendrá que elegir si quiere solo cerdas o una mezcla de cerdas y verracos, en función de sus necesidades y capacidades comerciales o domésticas. Esto puede ser un reto, pero puede elegir lo que más le convenga utilizando la siguiente lista.

# Diferentes razas de cerdos

Los cerdos tienen muchas formas, tamaños y colores. Esto puede resultar abrumador para cualquier ganadero a la hora de hacer la mejor compra. La siguiente lista le ayudará a conocer los varios tipos de cerdos, las diferencias y la facilidad de criar cada uno de ellos.

Los principales tipos de cerdos son los comerciales y las tradicionales. Los cerdos comerciales se crían en fábricas en grandes cantidades. El objetivo principal de la cría de estos cerdos es producir carne. Requieren mucho alimento y no son tan gordos como los cerdos tradicionales.

Las razas porcinas tradicionales son la mejor opción para los pequeños ganaderos. Son fáciles de criar y proporcionan una carne deliciosa. Son relativamente fáciles de manejar, ya que se alimentan de pastos.

Estas son las mejores razas para criar en su patio trasero:

## 1. Mangalica

El Mangalica es famoso por su pelaje lanoso; ningún otro cerdo presenta esta característica. Es una raza muy recomendada por los pequeños ganaderos. Producen una carne de gran calidad y muy sabrosa. Su carne es tierna y conserva deliciosos jugos de grasa. Proporciona un fantástico tocino.

### Pros

- Son de fácil mantenimiento
- Tienen un temperamento manejable
- No dependen excesivamente de las proteínas
- Se adaptan rápidamente a la temporada de invierno
- Tienen un alto rendimiento

### Contras

- Producen mucha grasa, lo que puede resultar agobiante

## 2. Red Wattle

El *Red Wattle* es uno de los cerdos más amables que existen. Tienen un comportamiento humilde, lo que los convierte en un gran compañero. Son de color rojo con manchas en todo el cuerpo. Pueden ser bastante pesados y grandes. ¿Por qué debería comprar este cerdo?

**Pros**

- Tienen un alto índice de crecimiento
- La carne es tierna, magra y sin grasa
- Las cerdas son muy maternales, lo cual reduce considerablemente su trabajo
- Tienen una alta tasa de natalidad

El *Red Wattle* es un buen cerdo para criar por primera vez. Son fáciles de manejar y no son agresivos. Son muy amistosos y le facilitarán la cría. También favorecen al suelo cuando buscan comida. Son excelentes para lugares pequeños, por lo que no es necesario ampliar el corral. Pueden llegar a pesar hasta 1.000 libras, lo que puede traer rendimientos sobresalientes después de unos meses.

## 3. Cerdos *Gloucestershire Old Spots*

Este cerdo es blanco con grandes manchas negras en el cuerpo. Es conocido por su docilidad e inteligencia.

- **Pros**
- Gran instinto maternal
- Alta tasa de natalidad
- Se adaptan mejor al aire libre
- Carne de alta calidad

## 4. Kune Kune

El *Kune Kune* es conocido por su naturaleza dócil, su carne dulce y su excelente temperamento. Son de tamaño medio y se adaptan muy bien al confinamiento. ¿Por qué debería comprar este cerdo?

**Pros**

- Su olor no es abrumador
- Son tranquilos y silenciosos
- Son excelentes para los cruces

**Contras**

- No tienen pelaje, por lo que necesitan refugio cuando llueve
- Necesitan una alimentación particular

## 5. *Chester White*

El *Chester White* es el cerdo más común en la mayoría de las granjas. He aquí algunas de las razones por las que los ganaderos los prefieren:

**Pros**

- Tienen una larga vida útil
- Las cerdas son muy maternales
- Son voluminosos y musculosos
- Requieren un mantenimiento mínimo

## 6. Cerdo *Yorkshire* americano

El cerdo *Yorkshire* americano es un miembro popular en diferentes granjas. Su bonita piel rosa es común en las granjas de muchos lugares. He aquí las razones por las que debería tener uno.

**Pros**

- Tienen una alta tasa de crecimiento
- Tienen una alta tasa de natalidad
- Son musculosos
- Son fáciles de criar
- Tienen una carne sabrosa
- Las cerdas son increíblemente maternales, lo que reducirá sus rondas de control

## 7. Cerdo *Berkshire*

Se trata de pequeños cerdos negros con medias blancas, punta blanca en la cola y orejas puntiagudas. El cerdo *Berkshire* es una opción popular entre los ganaderos a pequeña escala, y son la raza más antigua. ¿Por qué debería comprar un cerdo *Berkshire*?

**Pros**

- Tienen una carne deliciosa
- Son buscadores activos
- Tienen una alta tasa de crecimiento
- Son muy amigables

## 8. *Large Black* (Cerdo negro grande)

También se les conoce como *Devon* o *Cornwall*. Suelen tener una forma alargada. La mayoría de los pequeños ganaderos los compran porque:

- Son fáciles de manejar
- Son grandes productores de tocino
- Son adaptables
- Son resistentes a las quemaduras del sol

## 9. Cerdo *Hampshire*

El cerdo *Hampshire* es fácilmente identificable por el cinturón blanco en sus hombros y patas delanteras. Tienen orejas grandes. Son muy activos y son conocidos por sus orejas erectas.

**Pros**

- Tienen una alta tasa de crecimiento
- Tienen una alta tasa de natalidad
- Son generalmente grandes
- Tienen buen temperamento
- Las cerdas tienen un gran instinto maternal

**Contras**

- No pesan tanto en comparación con otras razas de cerdos
- Tienen jamones más pequeños

## 10. *Landrace*

Es un cerdo excelente para criar en el interior o incluso en el exterior. El cuerpo del cerdo es excepcional para el tocino y la carne. El *Landrace* tiene la piel blanca con pelo negro. También tiene las orejas caídas con una ligera inclinación hacia delante. Sus cuartos delanteros son largos.

### Pros

- Desarrollan un excelente jamón
- Las cerdas tienen una alta tasa de natalidad
- Los lechones tienen una alta tasa de crecimiento
- Carne magra de alta calidad
- Es ideal para los cruces

### Contras

- Son propensos a las quemaduras solares debido al color del pelaje y de la piel

## 11. *Duroc*

El *Duroc* suele llamarse Cerdo Rojo. Tiene una estructura grande con orejas pequeñas y caídas. Es un cerdo bastante musculoso con una longitud media. La cabeza y el cuello son de complexión ligera. El *Duroc* tiene una piel dura con un color rojo sólido.

### Pros

- Pueden sobrevivir a temperaturas extremas
- Carne suculenta con mucha musculatura
- Son extremadamente amistosos

### Contras

- Tardan en madurar

## 12. *Large White* (gran cerdo blanco)

Está bien adaptado para la vida al aire libre. Es un cerdo largo y grande con piel blanca, pelo blanco y orejas largas que sobresalen.

**Pros**

- Pueden soportar climas extremos
- Tienen altas tasas de natalidad
- Tienen una alta producción de leche
- Las cerdas tienen un gran instinto maternal
- Son propensas a las quemaduras solares debido a su falta de pigmentación

**Contras**

- Sus jamones son de menor calidad

# Cómo seleccionar la mejor raza

La selección de los reproductores adecuados para su granja es crucial para el éxito de la misma. Es esencial tener en cuenta el crecimiento de la camada, el tamaño y la eficiencia alimentaria antes de realizar cualquier compra. También hay que tener en cuenta varios rasgos del cerdo, como la duración de la vida, la adaptabilidad a diferentes alojamientos y temperaturas, la calidad de la carne, la resistencia a las enfermedades y la facilidad de reproducción.

Si es la primera vez que se dedica a la cría de cerdos, recuerde estos factores. Ser un proveedor de alimentos implica tener en cuenta la producción de cerdos, las creencias locales (religión), la disponibilidad de la raza porcina, los requisitos locales, las condiciones del mercado local y global, y las enfermedades locales que podrían contraer los cerdos. Estos factores son decisivos para orientarse hacia el tipo de cerdo que va a seleccionar y su sostenibilidad.

Estos pasos le ayudarán en el proceso de selección:

### ¿Por qué quiere criar cerdos?

Hay varias razones por las que los ganaderos crían cerdos. Puede ser para consumo personal, para la venta, como mascota o incluso para la cría. La razón de la cría cambia los requisitos exigidos. Los cerdos destinados a la venta requerirán una estructura rutinaria con un alto grado de mantenimiento por parte del ganadero. Los cerdos destinados a ser mascotas necesitarán un entorno menos vigilado.

### ¿Qué tamaño tienen sus instalaciones?

Los criadores de cerdos a pequeña escala tienen ventaja respecto a los que tienen una granja grande. Esto facilitará el mantenimiento. Este es un elemento importante de la cría de cerdos.

### ¿Cuáles son sus preferencias?

Elija los cerdos que le gusten, tanto si quiere que sean manchados, marrones, blancos o negros, como si prefiere que sean pequeños, medianos o grandes. Hay muchos cerdos simpáticos disponibles en el mercado.

### ¿Cuáles son sus capacidades?

Los cerdos grandes requieren mucho trabajo. Si usted es activo y libre, puede elegir los cerdos grandes. Elija los cerdos pequeños si no tiene tanto tiempo para dedicarles, especialmente si está empezando a criar cerdos. Esto le permitirá crecer a su ritmo, adquiriendo conocimientos y experiencia.

Tras responder a las preguntas anteriores, podrá identificar fácilmente los siguientes factores.

## Seleccione una granja adecuada

Hay muchos criadores de cerdos, y puede ser una tarea desalentadora encontrar la granja adecuada para comprar sus cerdos. La calidad de la raza se ve afectada por el entorno. Una granja adecuada debe gestionar sus razas con un alto nivel de limpieza y programas previamente planificados. La vida útil de un cerdo confinado puede llegar a los diez años. Esto depende del manejo y de su composición genética.

Los cerdos tienen diferentes rasgos de carácter que son fácilmente identificables. Se puede evaluar el rendimiento de la raza comprobando la capacidad materna. La cerda madre debe ser capaz de amamantar a los lechones hasta la fase de destete, compruebe el número de lechones y la tasa de aumento de peso.

Un buen criador no solo le venderá los cerdos, sino que hará un seguimiento después de la venta. Responderá a cualquier pregunta y dará más información sobre los cerdos. Algunos incluso le ofrecerán entrega gratuita en el lugar que usted proponga.

### Elija cerdos registrados

Elija siempre cerdos registrados, ya que así se asegurará de obtener la calidad que presume el criador. Sin el registro, será difícil determinar los distintos aspectos del cerdo. Las etiquetas en las orejas o notas identifican fácilmente a un cerdo con pedigrí.

Seleccionar la mejor raza es fácil una vez que se han establecido los rasgos. Los siguientes son aspectos vitales que debe comprobar antes de decidirse a realizar cualquier compra.

### Compruebe las características de las mejores razas

Antes de comprar cualquier cerdo, asegúrese de que son de alto nivel. Por lo general, puede medir su salud comprobando su estado de alerta; sus ojos deben ser brillantes y deben mostrar facilidad de movimiento. También puede comprobar la rapidez con la que devoran la comida y si las costillas son visibles. Compruebe si el cerdo está activo o apagado. Un cerdo desnutrido estará apagado y retraído.

Compruebe el temperamento del cerdo. No elija un cerdo agresivo o tímido. Los cerdos agresivos no son adecuados para la cría, especialmente para un ganadero nuevo. Elija cerdos jóvenes en lugar de cerdos mayores; compre cerdos de unas diez semanas de edad.

### Características del cuerpo

El cuello debe ser más largo que la media. Esto hará que los hombros parezcan tener una inclinación hacia abajo. Cuando está de pie, debe parecer que el cerdo tiene los antebrazos inclinados.

La cuartilla es el lugar entre la pezuña del cerdo y la articulación con los espolones. Esta zona debe tener una ligera inclinación hacia delante. Los dedos de todas las patas deben ser moderadamente grandes.

Compruebe también las nalgas. Esto se llama la grupa. La línea superior debe parecer plana, con la cola fija en alto. Las patas traseras deben ser rectas, pero curvadas después de la articulación de la rodilla.

La articulación del corvejón se encuentra en el «talón» del pie. Esta es una zona importante la cual hay que revisar antes de comprar. Compruebe la forma de la articulación del corvejón para saber si está sana.

Compruebe también los pezones del cerdo. Un cerdo sano tendrá las mamas bien espaciadas, largas y delgadas. Los cerdos tienen casi 32 pezones paralelos en la parte inferior desde la ingle hasta el pecho. El cerdo promedio tiene entre 10 y 14 pares de pezones para la leche. El número de pezones es esencial, ya que determina el número de lechones que puede alimentar a la vez.

### Qué hay que tener en cuenta

Inspeccionar un cerdo antes de comprarlo es extremadamente importante. En primer lugar, compruebe los pezones de los cerdos. Si no sobresalen de la piel, la madre no podrá alimentar a los lechones, ya que las glándulas mamarias se secarán tras el parto, quedando inservibles. Los cerdos con pezones de más tampoco son una buena compra; los pezones no darán leche después del parto.

Compruebe el informe que tiene la granja sobre los distintos cerdos. Fíjese en la tasa de nacimiento del cerdo, el rendimiento materno, la tasa de crecimiento de las cerdas y la presencia de deformidades genéticas, si las hay. No se debe comprar ninguna madre que destete menos de diez lechones a la vez. Compruebe la tasa de mastitis en las cerdas. Se trata de una infección que se produce en las glándulas mamarias de la madre. También hay que comprobar si hay metritis, una infección del útero, y agalactia, que es la falta de producción de leche.

A la hora de comprar el cerdo, acuda a alguien con mucha más experiencia en la cría de cerdos. Le ayudará a identificar los mejores criadores y cerdos para la cría. Un criador con experiencia detectará fácilmente los defectos de sus cerdos. Recuerde que el precio del cerdo es un factor importante a tener en cuenta. El precio suele ser diferente de un criador a otro. Los cerdos más jóvenes suelen ser más baratos, mientras que los verracos y las cerdas son más caros porque han demostrado ser fértiles.

Es fundamental comprobar si han sido vacunados contra alguna enfermedad. Los cerdos rara vez tienen una medicación rutinaria, pero debe haber inyecciones básicas contra enfermedades comunes de los cerdos, como la erisipela. Obtenga todos los documentos de registro del criador. Los necesitará como prueba de la vacunación.

### Selección de cerdos destinados a la cría cruzada

Si usted es un criador de cerdos a pequeña escala que busca mejorar su ganado, debe estar atento al proceso de selección. Entre los factores importantes que hay que tener en cuenta a la hora de cruzar cerdos se encuentran el coste y el tiempo. El factor más importante es que no se reduzca el nivel de la población existente ni se introduzcan enfermedades. Debe consultar a su médico veterinario antes de embarcarse en cualquier compra.

Obtenga información sobre el historial de enfermedades de los cerdos y el estado de salud actual. Examine los informes sanitarios de los cerdos y conozca el historial médico detallado de los animales.

Recuerde su demanda en el mercado, la genética, la disponibilidad y la calidad de los cerdos que llegan a su granja.

# Capítulo 3: Alojamiento, cercado e instalaciones

Durante los días soleados, cuando las noches son cortas y los días calurosos, los cerdos pueden dormir al aire libre bajo el sol. De todas formas, tendrá que proporcionarles alojamiento y cobijo. Antes de adquirir sus cerdos, asegúrese de que dispone de un alojamiento seco y fresco, a salvo de las amenazas de las duras temperaturas y de otros animales. Para su bienestar y productividad general, estos animales necesitan un espacio adecuado y acceso a agua y comida.

Hay muchas casas para cerdos en el mercado, por lo tanto, hay muchas opciones para elegir. No construir el alojamiento adecuado para sus cerdos puede provocar graves problemas que afectarán su bienestar general y su productividad. A la hora de alojar a los cerdos, considere cuidadosamente los siguientes factores.

### El entorno y la ubicación

El lugar en el que se construya el alojamiento de los cerdos debe ser elevado, por lo menos ligeramente. Esta ubicación es necesaria para evitar inundaciones cuando llueve. Además, el lugar debe estar protegido del sol para proporcionar sombra. La zona debe ser fresca, con aire limpio para mantener a los cerdos frescos.

### Temperatura

Como ya se ha mencionado, las altas temperaturas hacen que los cerdos se sientan incómodos, ya que no pueden sudar para refrescar su cuerpo. Para conseguir la mejor productividad de sus cerdos, considere la posibilidad de respetar un rango de temperatura específico. Por ejemplo, la temperatura más favorable para los lechones recién nacidos oscila entre 27 C y 35 C, pero las temperaturas superiores a 27 C se consideran desfavorables para la mayoría de las razas de cerdos.

Los cerdos pueden tolerar las temperaturas frías, pero no se sienten cómodos en zonas con corrientes de aire. Una zona con corrientes de aire es un espacio cerrado en una zona abierta caracterizado por muchas corrientes, normalmente de aire frío. Considere la posibilidad de trasladar el alojamiento a una zona fresca, sin vientos ni corrientes de aire frío. Si esta ubicación no es una opción, lo mejor sería comprobar de dónde vienen las corrientes de aire y ponerles freno.

### Higiene

La higiene general de la pocilga afectará la salud y la productividad del cerdo. Muchas enfermedades son causadas por condiciones insalubres, que crean un entorno adecuado para el crecimiento de organismos nocivos. Estos microorganismos habitan en el intestino del cerdo y provocan un retraso en el crecimiento y problemas con el estiércol.

### Agua y drenaje

El suministro de agua dulce es esencial para la cría de cerdos. Considere la posibilidad de disponer de un suministro de agua potable durante todo el año para el consumo de los animales y su higienización. El agua será muy útil para diluir las lagunas o apagar los incendios. Si el agua subterránea no es suficiente, considere la posibilidad de utilizar fuentes adicionales, como estanques y sistemas de agua comunitarios.

Si la pocilga de los cerdos está en una zona con mucha lluvia o nieve, piense en construir una pendiente o una escorrentía alrededor de la nave para reducir la cantidad de agua cerca del lugar. El agua de escorrentía puede estar contaminada, poniendo en peligro la salud de sus cerdos. Además, los niveles freáticos altos afectan a la construcción de edificios y al almacenamiento de estiércol.

### Gestión del estiércol

A la hora de seleccionar un lugar para la cría de cerdos, considere la posibilidad de disponer de un espacio adecuado para la gestión del estiércol. Dependiendo de su lugar de residencia, habrá diferentes directrices sobre la mínima superficie necesaria en función de las necesidades de nitrógeno para los cultivos. Sin embargo, el lugar en el que críe los cerdos debe ser lo suficientemente grande como para poder esparcir el estiércol. Evite las zonas empinadas o elevadas que puedan provocar escorrentías de estiércol, causando la contaminación del agua y la tierra en los alrededores.

Piense en una fosa rectangular de 3 metros x 2 metros x 2 metros. con 50-70 cerdos adultos, esta fosa tardará aproximadamente cinco meses en llenarse.

### Seguridad y protección

La seguridad y protección de los cerdos es un factor esencial a la hora de elegir la ubicación. Recuerde que hay problemas de robo y vandalismo en todo el mundo. Además, los visitantes pueden infectar a los animales con enfermedades potencialmente mortales, así que considere una zona con acceso humano limitado para controlar las enfermedades y reducir al mismo tiempo la interferencia con otras operaciones de la granja.

### Zona de alimentación y bebida

Los cerdos deben tener estas áreas construidas sistemáticamente, preferiblemente en línea, dentro de la estructura. Es aconsejable que cada cerdo tenga su propio comedero, pero una zona general de bebida que todos puedan compartir. El tamaño recomendado del comedero debe medir aproximadamente 12" x 12" x 6". Aunque estas medidas son estándar, es posible que los cerdos más jóvenes no necesiten áreas de alimentación tan grandes.

## Requisitos de espacio

Dado que la cría de cerdos es una inversión que vale la pena, sería prudente recordar que pueden duplicar su tamaño al cabo de relativamente poco tiempo. Cada animal requiere un alojamiento diferente. A continuación, se ofrecen sugerencias de alojamiento para diferentes cerdos.

## Cerdos de engorde

La fase de engorde de un cerdo comienza en cuanto los lechones empiezan a madurar (normalmente entre las semanas 8 y 15). Este período no se detiene hasta que los cerdos son llevados al matadero después de alcanzar un peso mínimo de 85 kg a 170 kg. Para estos cerdos, considere un espacio mínimo de 0,5 a 1 metro cuadrado para cada uno. Esto le proporcionará un espacio adecuado para la alimentación, el estar y tener soluciones antiestrés.

Considere la posibilidad de utilizar un modelo de pocilgas/espacio con un suelo sólido y plano hecho de hormigón, tierra dura o cemento. El suelo debe estar ligeramente inclinado para facilitar la limpieza con agua fresca.

## Cerdas preñadas

Las cerdas gestantes requieren un entorno tranquilo y silencioso. Recuerde que la pocilga debe estar libre de todo tipo de elementos que puedan estresar a estos animales, como la temperatura, la ventilación, la higiene y el ruido. Dicho esto, cada cerda preñada necesita al menos entre 1,5 y 2,0 metros cuadrados. En climas cálidos, considere la posibilidad de mantener a las cerdas en grupos de dos o tres.

## Cerdas lactantes

Hay muchos factores relacionados con la productividad y la eficiencia que afectan a las cerdas. Uno de ellos son los programas de alojamiento y alimentación inadecuados. Las cerdas lactantes necesitan ser alimentadas más de dos veces al día para obtener los mejores resultados. No hay que pasar por alto la importancia de una nave adecuada para eliminar el pienso húmedo y estropeado de los comederos. Además, estos animales necesitan un entorno tranquilo.

Por lo tanto, es aconsejable utilizar corrales individuales. Estos corrales deben tener provisiones para las parideras, la refrigeración, la calefacción de un nido para lechones y el alimento inicial de los mismos. El tamaño del alojamiento recomendado para cada cerda es de aproximadamente seis metros cuadrados.

## Lechones destetados

Los lechones destetados suelen ser pequeños, pero crecen hasta alcanzar unos 25 kg en seis o siete semanas. Cada lechón necesitará entre 0,3 y 0,5 metros cuadrados. El suelo del alojamiento debe ser de hormigón para que sea más fácil de mantener o limpiar. No debe estar pulido para evitar resbalones. Al igual que los demás corrales, el suelo debe estar ligeramente inclinado para facilitar la limpieza con agua.

## Verracos reproductores

A menudo se pasan por alto los requisitos de alojamiento de los verracos reproductores. Si las condiciones no son óptimas para estos animales, se «descompondrán», limitando su rendimiento general.

Los verracos reproductores necesitan un corral fuerte y bien aislado para dormir y alimentarse. Los verracos reproductores suelen estar solos y son propensos a los cambios de temperatura. Y los verracos maduros tienen poca cobertura de grasa para protegerlos cuando hace frío. En las estaciones de invierno, considere la posibilidad de dar a estos animales una cama grande para proporcionarles calor adicional.

Las zonas con altas temperaturas también afectan al rendimiento de los verracos. La libido suele verse afectada antes de que haya un impacto en la calidad del esperma. Si se tienen altas temperaturas de forma prolongada, la calidad del esperma puede verse afectada durante aproximadamente seis u ocho semanas. Todos estos factores sugieren que el alojamiento de los verracos reproductores es crucial para su productividad y rendimiento general.

El suelo del alojamiento de los verracos debe ser de cemento para facilitar su limpieza. No debe estar pulido porque los cerdos suelen resbalar, con el consiguiente riesgo de lesiones graves.

El tamaño del corral debe ser de al menos siete u ocho metros cuadrados (3 x 3 o 2,3 x 3). Las puertas y la estructura general de los corrales deben ser fuertes para evitar que se escapen. Cuando están en celo, buscan formas de escapar del corral para conseguir una pareja.

# Planos de construcción de una buena pocilga/cobertizo para cerdos

Como pequeño ganadero, hay varias buenas opciones que debe considerar para alojar a sus cerdos. En primer lugar, debe tener en cuenta el tipo de alojamiento necesario para las distintas clases de cerdos.

### Planes de construcción para un solo cerdo

Considere la posibilidad de utilizar materiales locales. Los materiales locales no solo son rentables, sino que además le resultará más fácil ensamblarlos.

- El suelo de la pocilga/corral debe tener al menos 9 metros cuadrados (3 m x 3 m)
- El suelo de la pocilga debe estar elevado al menos 0,6 m (1,9685 pies/ 60 cm)
- Considere la posibilidad de espaciar las tablas del suelo (al menos 2 cm).

- El tejado debe estar hecho de materiales resistentes al agua; debe ser impermeable o resistente a la lluvia.
- La pocilga debe construirse de forma que provea sombra como refugio de la luz solar para proteger a los cerdos. Se puede disponer para permitir que entre un poco de luz solar, pero siempre debe haber sombra en la pocilga.

## Planos de construcción de un corral para cerdas

La unidad más pequeña que se puede construir es un corral que albergue a una cerda y sus lechones. Estos corrales pueden utilizarse para una cerda y su camada, dos camadas de lechones destetados, unas cuatro cerdas gestantes, nueve lechones o un verraco.

### Planos de construcción

- Longitud: 4 metros, con 1,4 metros destinados a la gestión del estiércol.
- Anchura: 2,7 metros
- Altura: 3,4 metros (la más alta) o 1,1 metros (la más baja)
- 60 cm elevado del suelo. Se puede construir el suelo con cemento, tablas de madera o láminas de madera o ladrillos.
- Dos comederos (aunque con un jabalí o cerdos de engorde, considere la posibilidad de utilizar uno)
- La mayor parte de la superficie debe destinarse a la alimentación y su gestión
- La zona debe estar ligeramente elevada para permitir el drenaje cuando se limpie con agua

### Planes de cercamiento

Los cerdos pueden plantear retos cuando se trata de poner cercas. Como se ha mencionado anteriormente, estos animales son inteligentes y curiosos por naturaleza. Eso significa que en ocasiones buscarán zonas débiles en el sistema de vallado intentando liberarse para explorar otras zonas. Disponer de un perímetro sólido es importante, ya que evitará problemas de responsabilidad con los cerdos, sobre todo cuando corran a zonas vecinas y causen estragos.

Si construye una estructura permanente que le sirva en un futuro próximo, lo mejor será utilizar una cerca de alambre enrollado de tamaño medio. Esta opción es estupenda, ya que este material es resistente y puede soportar los esfuerzos de liberarse de los cerdos.

Los cerdos suelen escapar por la parte inferior de la cerca. No es necesario construir la valla de más de cuatro pies de altura (48 pulgadas). Si está dentro de su presupuesto, considere la posibilidad de añadirle electricidad. Si los cerdos se acercan demasiado, la descarga eléctrica los hará retroceder rápidamente. Compruebe siempre el estado de la cerca eléctrica, ya que algunos elementos podrían interrumpir el flujo de la corriente, con el riesgo de que los cerdos se escapen.

Si la electricidad no es una opción, los alambres de la parte inferior deben estar estrechamente unidos para evitar que se escapen tanto los cerdos maduros como las crías.

# Efectos de un mal alojamiento

### Infección parasitaria

Si no se construye un alojamiento adecuado para los cerdos, pueden contraer enfermedades e infecciones. Como cuidador de cerdos, considere la posibilidad de proporcionarles el entorno óptimo necesario para su seguridad, reduciendo las posibilidades de hospitalización por agentes causantes de enfermedades. Por ejemplo, las cerdas pueden contraer mastitis (que se caracteriza por la reducción de la producción de leche, la pérdida de apetito y la elevada temperatura corporal) si el alojamiento es húmedo y poco higiénico. Además, un alojamiento inadecuado puede provocar la propagación de enfermedades contagiosas tanto a los cerdos como a los seres humanos.

## Pérdidas económicas

El alojamiento puede afectar negativamente su inversión. Por ejemplo, si la pocilga no es lo suficientemente resistente, los cerdos se escaparán debido a su naturaleza curiosa. Además, un alojamiento deficiente afectará negativamente la producción de carne, ya que las condiciones no serán favorables para el desarrollo de los animales y pueden provocar un retraso en el crecimiento, lo que no es deseable para la producción general de carne.

# Capítulo 4: Comportamiento y manejo del cerdo

Comprender bien cómo se comporta un cerdo es vital para garantizar que el animal satisfaga sus necesidades diarias. El comportamiento natural puede observarse cuando está en su hábitat natural o incluso en la naturaleza. El comportamiento de un cerdo se ve alterado en función del lugar y de muchos otros factores. A continuación, describimos los distintos comportamientos que cabe esperar. Esto afectará significativamente la forma de manejar un cerdo y la calidad de su producción. Una vez que comprenda adecuadamente cómo se comporta un cerdo, podrá

- Facilitar el manejo del animal
- Reducir el estrés y la frustración
- Reducir el riesgo del manipulador
- Reducir las pérdidas debidas a la fatiga, las lesiones y las magulladuras

Por supuesto, es mucho más fácil manejar cerdos tranquilos que agitados o estresados. Si un manipulador utiliza prácticas básicas de manejo, será menos probable que los cerdos se agiten. El manipulador debe tener en cuenta

- Punto de equilibrio
- Zona de lucha
- Sentidos

## La zona de lucha

Es la zona que un cerdo considera como su espacio individual. Los cerdos intentan activamente mantener una cierta distancia entre el cuidador y ellos. La distancia difiere de un cerdo a otro. Cuanto más amenazante parezca el cuidador, más distancia necesitará el cerdo. Cuando un adiestrador se vuelve demasiado aterrador, el cerdo se pone a la defensiva y su lenguaje corporal cambia inmediatamente. Como cuidador, debe reconocer las señales de los cerdos estresados y aumentar la distancia o retroceder hasta que se calmen de nuevo.

## Punto de equilibrio

El cerdo lo utiliza para determinar la dirección que debe tomar cuando se aleja del cuidador. El punto de equilibrio suele estar situado en el hombro, pero se ajusta en función del entorno. Las distintas condiciones provocan reacciones diferentes en los cerdos. Para lograr resultados óptimos, el cuidador debe trabajar adelante de los cerdos. Por ejemplo, si un cuidador quiere que los cerdos pasen por las puertas, debe evitar tocar el trasero del cerdo mientras delante. Los cuidadores no deben bloquear, mover o interferir con los cerdos desde la posición delantera. Los cerdos tienden a rehuir cuando se les obliga a pasar por delante de las personas.

### Sentido del oído

Un cerdo utiliza su sentido del olfato y del oído para ubicarse en diferentes entornos. Utilizan su vista para complementar ambos sentidos. Tienen un punto ciego que no les permite ver la parte trasera; los ojos están a los lados, lo que les da una cobertura de 310 grados. Los cerdos tienen una extraña habilidad para detectar cualquier amenaza o presión. Siempre se aseguran de que sus cuidadores estén dentro de su línea de visión, y también utilizan su oído para seguir el movimiento de las personas que no pueden ver. Un cuidador debe conocer el alcance de la visión de los cerdos para facilitar su movimiento de forma eficaz. Su sentido del tacto también es esencial.

### Comportamiento del cerdo

Se puede determinar a qué presta atención un cerdo observando sus orejas, su cabeza, sus ojos y su lenguaje corporal. Los cuidadores deben fijarse en las direcciones a las que miran los cerdos, cómo giran el cuerpo, la cabeza y la posición de las orejas. Los cerdos tienden a seguir a sus cuidadores aún más cuando se sienten amenazados. Los cerdos se estresan más en espacios cerrados. La presión del cuidador durante este tiempo hará que los cerdos se acerquen en lugar de alejarse. Cuando se agitan, se acuestan en grupo y se niegan a moverse. El lenguaje corporal de los cerdos cambia a medida que se excitan.

### Liberar la presión

Se trata de cualquier acción destinada a reducir el nivel de frustración de un cerdo. Implica dar a los cerdos mucho tiempo y espacio. He aquí algunas formas de reducir la presión:

- Retroceder y evitar el contacto constante con los cerdos
- Haga una pausa y permita que los cerdos se alejen
- Simplifique su lenguaje corporal para que los cerdos se sientan seguros
- Permita que los cerdos le rodeen
- Deje de hacer demasiado ruido
- Mire hacia otro lado para no ver a los cerdos
- Reduzca el tamaño del grupo: esto depende del tamaño, el entorno, la puerta y el pasillo

Los cerdos pueden comunicar eficazmente sus emociones a través de la cabeza, las orejas, los ojos y los movimientos del cuerpo. Estos son los signos que indican que los cerdos tienen miedo al moverlos:

### Cerdos tranquilos

Los cerdos tranquilos tendrán estas cualidades

- Capacidad de mantener una distancia segura con el cuidador para aliviar la presión
- Las cabezas y las orejas suelen estar bajas, y el cuerpo relajado
- La atención suele estar dirigida hacia delante
- La vocalización es mínima y en tonos bajos

### Cerdos ligeramente estresados

Estas son las razones/signos de que su cerdo está mostrando un miedo leve:

- Un cuidador se acerca demasiado a los cerdos y no les deja liberar la presión
- Las cabezas y las orejas están siempre altas
- Los cerdos se alejan, pero fijan su atención en el cuidador
- La zona de lucha se amplía
- Los cerdos aumentarán su velocidad brevemente
- La liberación de la presión del cerdo los calmará
- Si se mantiene continuamente la presión, se vuelven temerosos

### Cerdos a la defensiva

Estas son las razones/signos de que un cerdo está experimentando mucho miedo:

- El adiestrador está ejerciendo demasiada presión y se está acercando demasiado
- Su atención se centra en el adiestrador
- El cerdo adopta diferentes tácticas en lugar de alejarse: detenerse, retroceder o dar la vuelta
- Los cerdos se ven apagados y se niegan a moverse, mostrando signos de fatiga
- Si se libera la presión, el cerdo se calmará con el tiempo

- Aumentar la presión hará que el cerdo intensifique sus tácticas
- Tienden a agruparse y se niegan a separarse

**Extremadamente a la defensiva**

Los signos de que un cerdo está experimentando un miedo intenso:

- Pánico
- Vocalización aguda
- Se disponen a cargar contra el cuidador agrupándose y siendo difíciles de separar

# Comportamiento en manada y patrones de grupo

Los cerdos buscan consuelo en los demás para protegerse. El grado en que los cerdos se asocian entre sí depende de su nivel de miedo, su atención y el espacio disponible.

### Comportamiento dinámico de la manada

Ocurre cuando los cerdos se mueven juntos. El movimiento dinámico se produce cuando:

- Los cerdos se sienten atraídos por el movimiento de otros cerdos
- La respuesta de los cerdos es tranquila
- La atención se dirige hacia el movimiento y la permanencia en la piara
- El movimiento de los animales que van adelante fomenta el movimiento del resto
- Los animales están poco espaciados
- El cuidador no está coaccionando el movimiento de los cerdos. Los cerdos no tienen obstáculos

## Interrupción del flujo

El movimiento y las distracciones delante o a los lados pueden acaparar la atención de los cerdos, impidiéndoles moverse. Factores como el ruido excesivo, la presión y la aglomeración también detendrán su movimiento. Estos cambios pueden afectar al movimiento de los cerdos:

- Pisada/tracción
- La temperatura
- Iluminación
- Superficie del suelo

Otros factores que pueden afectar el movimiento del cerdo

- Personas en su camino
- Corrientes de aire o viento
- Un rayo de luz que brille a través de una grieta
- Equipos, basura u objetos en el camino
- Ruidos o actividades fuertes o repentinas
- Charcos de agua
- Objetos brillantes o reflectantes
- Cambio de color del equipo
- Objetos que se mueven o agitan
- Otros animales
- Cambios de altura en el suelo

Los cuidadores que pueden leer estas señales con facilidad mantienen a sus cerdos tranquilos dándoles espacio y tiempo. Tómese el tiempo necesario para eliminar todas las distracciones del entorno antes de comprar una nueva raza. Preste atención al lenguaje corporal de los cerdos. Cuando los cerdos se asustan más, el cuidador debe liberar la presión.

La mayoría de los cuidadores se agitan al transportar y descargar los cerdos, debido al nuevo personal que recibirá, contará, tatuará y moverá los cerdos. Es vital que el transportista minimice el contacto con los cerdos, y les dé mucho espacio y tiempo para subir al camión.

### Comportamiento de la piara

Esto ocurre cuando los cerdos permanecen quietos cuando se detiene al grupo. El amontonamiento es una respuesta defensiva de los cerdos para detener el movimiento, especialmente durante el marcado de orejas o la vacunación. Es causado por cualquier cosa que atrape, aglomere, detenga o confunda a los cerdos. Ocurre cuando los cerdos están de espaldas al cuidador. Tienden a estar muy cerca y a escuchar atentamente.

Esto se puede identificar fácilmente al principio revisando las orejas o el apiñamiento del grupo. Los cerdos optarán por permanecer en grupo en lugar de abandonarlo para alejarse del cuidador. Cuando un cuidador incrementa la presión o la agresividad, los cerdos se apretarán más en el grupo.

### Burbuja del cuidador

La burbuja del cuidador también puede considerarse como la *zona de lucha de los cuidadores*. La burbuja ocupa un espacio real que conduce a la aglomeración. Cambia en función del nivel de miedo del cerdo o de la presión del cuidador. Actúa como una barrera real que se mueve con el cuidador.

Los cerdos se mueven según el arco de la burbuja. Los cuidadores pueden observar el movimiento de los cerdos para actualizar el arco de la burbuja, utilizando esta información para dirigir a los cerdos adecuadamente. Los cerdos pequeños tienden a amontonarse para alejarse de la burbuja. Los cerdos grandes se mantienen quietos dentro de la burbuja. Los animales grandes pueden orientarse en una dirección determinada para que el resto les siga.

### Comportamiento de forrajeo

El cerdo utiliza su hocico para empujar algo repetidamente. Los cerdos hozan para encontrar comida como trufas, larvas y raíces. El forrajeo se considera una necesidad de comportamiento exploratorio. Se trata de una gran actividad, sobre todo si se necesita cultivar o desherbar el terreno; sin embargo, puede suponer un reto para quienes tienen jardines. Para evitar este comportamiento, se inserta un anillo en el tabique de la nariz.

La falta de regímenes de alimentación adecuados aumenta la frecuencia del forrajeo. Los diferentes niveles de forrajeo dependen de las necesidades nutricionales de los cerdos. Por término medio, la cerda pasa al menos una cuarta parte de su vida forrajeando. Esto puede ser una ventaja para quienes tienen grandes extensiones de terreno que necesitan ser cultivadas.

Si se quiere reducir el forrajeo, se puede optar por plantar cultivos de raíces en el terreno, pero no es la mejor alternativa en comparación con los aros nasales. Puede utilizar un enriquecimiento nutricional para evitar daños en el prado. Las cerdas prefieren las ramas y la turba como materiales de forrajeo.

### Enriquecimiento ambiental

Se refiere a proporcionar a los cerdos la oportunidad de hozar, jugar e investigar su entorno para que se sientan más cómodos. Esto suele verse cuando se da a los cerdos una paja larga, y ellos juegan con ella y la guardan para usarla más tarde. Hay que ponerlo en práctica teniendo en cuenta las necesidades de los cerdos. El enriquecimiento puede estimular el forrajeo si se utiliza adecuadamente. Gracias a él, los lechones tienden a ascender en el estatus social del corral. Puede identificar la necesidad de enriquecimiento detectando lesiones en el cuello, las orejas y la cabeza del cerdo.

Los cerdos suelen utilizar el comportamiento de hozar como forma de encontrar comida y obtener el equilibrio nutricional. Los cerdos suelen utilizar el hocico y la boca para hozar. Incluso sin la recompensa de la comida, hozarán. Los cerdos de granja pasan gran parte de su tiempo investigando y explorando el entorno, una excelente forma de establecer el estado de salud de los animales. No proporcionar una distracción para mantener a los cerdos ocupados puede llevar a que se muerdan la cola.

El enriquecimiento afecta en gran medida a los destetados, a diferencia de los cerdos mucho más viejos. Todos los cerdos prefieren tener un estimulante que les impida hacerse daño.

## Comportamiento maternal

Hay un comportamiento recurrente entre las cerdas que pasan por el aislamiento, la integración en la comunidad y la convivencia. El entorno del parto afecta en gran medida a las cerdas. Las hembras necesitan construir su propio nido y parir en su entorno; esto se hace con mayor frecuencia cuando la cerda está en apuros.

### Aislamiento

Esta etapa dura dos días antes de dar a luz al primer lechón. La cerda tiende a aislarse del grupo y busca un nido. La cerda puede recorrer hasta seis kilómetros investigando los alrededores para encontrar el lugar perfecto. Las cerdas eligen zonas alejadas del grupo, así como terrenos inclinados. Construye el nido con paja y se asegura de que las paredes del nido sean fuertes.

### Construcción del nido

Este proceso se realiza por etapas, ya que la cerda debe comprobar varios factores antes de decidirse por la nueva zona. La cerda debe asegurarse de que el lugar tiene unos diez centímetros de profundidad antes de construirlo correctamente. A continuación, busca hierba, hojas y raíces para revestir el nido con el fin de que sea más cómodo. Coloca ramas grandes sobre el nido y lo cubre con materiales ligeros para formar un techo.

### Parto

Lo hace después de construir el nido. La cerda suele ser muy pasiva durante el proceso. Olfatea e investiga los lechones que nacen. La cerda apenas se levanta para ayudar a los lechones a salir de su membrana. El cordón umbilical se desprende cuando el lechón se desplaza hacia la ubre. La inactividad de la cerda se debe a los numerosos lechones que ha parido, pero suele recuperar su energía tras dos días de descanso. Es una gran adaptación que evita que la cerda aplaste al recién nacido.

### Ocupación del nido

Esto ocurre una semana después del parto. Los instintos maternales de la cerda dictan la rutina de lactancia. La cerda puede iniciar la lactancia tumbándose de lado o por los chillidos de los lechones. La cerda gruñe mucho durante este periodo. Cuando los gruñidos se hacen más rápidos, los lechones se callan y siguen mamando. A continuación, los lechones dan golpes y se acercan a la ubre. Algunos lechones se separan y se van a dormir o a jugar. La cerda puede terminar la lactancia poniéndose de pie o dándose la vuelta.

### Integración social

Los lechones no se presentan al resto de la piara hasta que tienen una semana de edad. En los dos primeros días, la cerda no come tanto como antes, pero a medida que pasa el tiempo, la cerda se aleja del nido y acaba por reincorporarse a la piara. La camada tarda unos días más y luego se une también a la manada. La cerda introduce a sus crías en la manada, estableciendo su relación inmediatamente. Durante los primeros siete días, la camada se mantiene cerca de la cerda. La camada comienza gradualmente a interactuar con otros lechones de la piara. La camada no debe integrarse con el resto de la piara hasta que tenga al menos catorce días.

### Destete

La frecuencia de la lactancia disminuye después de la primera semana. Los lechones comienzan a destetarse cuatro semanas después del nacimiento. A las ocho semanas, el lechón solo consume alimentos sólidos en su dieta. Las distintas camadas tienen diferentes etapas de destete, pero suele oscilar entre las ocho y las diecisiete semanas después del parto.

### Mezclas y peleas

Cuando los cerdos se mezclan, pasan por una fase de establecer relaciones sociales. Algunos cerdos dominan, mientras que otros se subordinan. Es crucial estar seguro de que el corral es estable socialmente. El establecimiento de relaciones sociales requiere que algunos cerdos se peleen. Los cerdos que no se pelean son consecuentemente subordinados.

Durante estas peleas, los cerdos no comen. Su peso disminuye considerablemente (los cerdos recién destetados no se ven afectados ya que no comen tanto como los demás). Los subordinados son los que más sufren, ya que no se alimentan tanto como quisieran. Los cerdos viejos, que son reservados a la hora de comer, tienden a experimentar una importante pérdida de peso debido a la alteración.

El tamaño y la edad de los cerdos determinan el efecto de la pelea. Cuanto más grande es el cerdo, más daño causa. Es fundamental evitar juntar a los cerdos grandes, ya que pueden causar daños y lesiones irreversibles. Si se observa que un cerdo más pequeño está siendo acosado, es esencial reubicarlo en otro corral.

# Manipulación de los cerdos

La gente manipula a los cerdos por diversas razones, desde la medicación, el transporte, el destete o incluso el parto. Los animales manipulados adecuadamente son más amistosos y productivos. Un manejo brusco puede provocar una menor producción. Por lo tanto, la persona debe tratar a los cerdos sin procedimientos dolorosos, ya que puede dificultar la producción.

El bienestar de los animales tiene mucho que ver con el manejo de los cerdos. Si el cerdo se maneja de forma inadecuada, se le induce estrés y miedo, lo que puede afectar la calidad de la carne. También puede reducir la seguridad del cerdo y del manipulador. La carne de un cerdo manejado incorrectamente tiende a ser pálida o exudativa.

Un manejo adecuado puede aumentar el bienestar de los animales, la calidad de la carne y la seguridad.

En un sistema al aire libre, el manejo y el cuidado de los cerdos requerirá mucha observación. A diferencia de los sistemas de interior que se mantienen a una temperatura determinada, el exterior ofrece una experiencia diferente para los cerdos. Por lo tanto, es esencial tener en cuenta que esto afectará su comportamiento.

El ganadero debe desarrollar una rutina de revisión de todos los cerdos a diario. Inspeccione a los animales recorriéndolos con tranquilidad. Este es un ejercicio vital para detectar los animales que están enfermos o lesionados. Acariciar al cerdo amistosamente es también un factor importante a tener en cuenta, ya que ayudará a que el cerdo gane más confianza. También es esencial revisar los bebederos.

A continuación, se exponen las mejores prácticas para el manejo adecuado de los cerdos.

### Cuidadores

No es una tarea fácil manejar a los cerdos, tanto para el cuidador como para los cerdos. Ser amable y paciente puede facilitar el proceso reduciendo los niveles de estrés. Recuerde siempre que, a pesar del elevado coeficiente intelectual de los cerdos, no entienden del todo lo que usted quiere que hagan. Cuando tenga que moverlos, será mucho más fácil si están tranquilos que excitados. Como cuidador, debe moverse despacio y en silencio para no molestar a los cerdos.

El cuidador debe familiarizarse primero con los cerdos. No se recomienda a los cuidadores sin experiencia, especialmente para mover a los cerdos. También se requiere que no se apresure ni grite a los cerdos. Puede ser frustrante mover a los cerdos, ya que pueden no estar de humor, pero no permita que esto le afecte. Practicar la paciencia dará resultados más positivos. Nunca se apresure a utilizar métodos agresivos simplemente porque los cerdos quieren explorar el entorno.

### Herramientas de manejo

El equipo de manejo se utiliza para proporcionar barreras y estímulos, como barreras físicas, barreras visuales, estímulos visuales y estímulos auditivos. Varias herramientas de la granja son amigables para los cerdos y no suponen ningún peligro o daño para ellos.

Se recomienda encarecidamente el uso de una bandera de nylon, una capa, una cinta de plástico o tablas de clasificación para mover a los cerdos o darles dirección. Los operarios no deben utilizar nunca picas eléctricas. Estas harán que los cerdos sean más agresivos y les causarán estrés, lo que afectará la calidad de la carne. Las tablas de clasificación son más eficaces para mover a los cerdos.

No se recomienda pinchar a los animales porque les provoca miedo y estrés. La picana eléctrica aumenta la temperatura de los cerdos y el ritmo cardíaco. Nunca se debe pinchar a un cerdo en los ojos, testículos, ano o nariz. Se trata de zonas extremadamente sensibles que pueden causar la muerte o problemas de salud.

A continuación, se muestra en detalle del equipo recomendable mencionado anteriormente:

### Bandera de nylon

Este es un excelente equipo para estimular visualmente a los cerdos. La bandera de nylon es especialmente efectiva entre los cerdos grandes. Se utiliza para bloquear la trayectoria óptica de un cerdo o para llamar su atención.

### Capa de torero (capa de bruja)

La capa es útil para actuar como barrera visual para todos los cerdos. Crea la ilusión de que el cerdo ha llegado a un callejón sin salida.

### Cintas de plástico en un palo

Proporcionan un estímulo visual cuando se agitan o excitan. Puede crear una distracción adecuada para mover al cerdo en la dirección correcta.

### Sonajero de plástico

El sonajero es una herramienta muy útil para proporcionar estímulos auditivos, visuales y físicos. Como cuidador, también puede improvisar y utilizar latas o botellas como sonajero. El ruido no debe ser demasiado fuerte y continuo, ya que esto inhibirá el movimiento de los cerdos. Las ráfagas cortas son bastante eficaces para controlar a los cerdos.

Las tablas sonoras también son una forma eficaz de manejar a los cerdos. No las levante por encima del hombro cuando golpee a los animales. El golpe debe ser muy suave para no asustar a los cerdos. Tocar suavemente al cerdo con el sonajero atraerá su atención. Los cerdos tienden a acercarse a la tabla y a sujetarla.

Evite el contacto recurrente y el ruido, ya que impedirán que los cerdos se muevan. Las tablas son muy eficaces para proporcionar a los cerdos una ayuda visual. No mueva la paleta demasiado, ya que puede estimular a los cerdos negativamente.

### Tabla de clasificación

Esta es la herramienta más versátil disponible en la granja. También se conoce como panel de clasificación que viene como un solo panel o *plegable*. El tablero de clasificación puede utilizarse como ayuda visual o como barrera física.

### Palo eléctrico

Esta herramienta no se recomienda durante el manejo de los cerdos. Hay casos en los que existen directrices estrictas que pueden requerir su uso. Puede haber una situación en la que los cerdos estén agrupados en una puerta, y la pica eléctrica puede ser necesaria para hacerlos avanzar.

Cuando se aplica una descarga al cerdo líder, este saltará y preparará el camino para el resto. Si se da una descarga al cerdo líder, no significa necesariamente que los demás cerdos se moverán en la dirección deseada. El cerdo que le sigue puede asustarse y retroceder para evitar que le den la descarga. En este caso, no hay que dar una descarga a todos los cerdos; simplemente hay que darles tiempo. Después de que el cerdo se dé cuenta de que el cerdo líder está ileso, los cerdos lo seguirán y entrarán en el corral.

El uso de la picana es el último recurso cuando todas las demás herramientas han fallado y debe guardarse inmediatamente.

### Mezcla de cerdos

Al transportar los cerdos a un nuevo corral, debe ser muy meticuloso. Asegúrese de que el corral no está abarrotado, ni mal ventilado, ni con equipos rotos o afilados. Mezcle todos los cerdos simultáneamente en un corral completamente nuevo. Mezclarlos en diferentes momentos puede hacer que los recién llegados se golpeen. Es aconsejable mezclar muchos cerdos al mismo tiempo, en lugar de unos pocos. Esto último también dará lugar a muchas peleas.

Asegúrese de que el corral construido tenga una vía de escape. Es una medida de seguridad cuando se produce una pelea en el corral. Tampoco se recomienda agrupar a los cerdos grandes en corrales de tamaño estándar.

Como cuidador, es esencial conocer los signos de un cerdo estresado. Puede saber fácilmente si un cerdo está bajo presión si tiene la piel manchada, rigidez, temblores musculares, reticencia a moverse, chillidos y jadeos. Estos indicadores son útiles para establecer la comodidad de un cerdo y cambiar a una mejor táctica.

### Adiestramiento de los animales

Los cerdos necesitan ser adiestrados para fomentar su seguridad y la de los cuidadores. Hay que acostumbrar a los cerdos a la manipulación para minimizar el estrés. La manipulación de los cerdos se produce en diferentes etapas durante la estancia. Los cuidadores pueden tener que limpiar el corral, mostrarlos y prepararlos, transportarlos, moverlos en el entorno y realizar los procedimientos de cría. Estas actividades requerirán mucha manipulación que puede estimular a los cerdos negativa o positivamente. Por lo tanto, es vital establecer una rutina que ayude a los cerdos a acostumbrarse. Las rutinas entrenarán a los animales de forma eficiente y les ayudarán a adquirir buenos hábitos.

### Equipo de protección

Para determinar el equipo que necesitará, puede evaluar las tareas de carga, transporte y descarga de los cerdos. Es esencial anotar las lesiones que encuentre durante el proceso para protegerse. El equipo mínimo que debe tener un cuidador es una tabla de clasificación y botas de seguridad. Los cuidadores que viajan dentro del camión con los cerdos también deben considerar el uso de rodilleras, canilleras y casco para protegerse. Las lesiones en la cabeza son frecuentes entre los cuidadores que viajan en los remolques. Es fácil que se produzcan contusiones en la cabeza, cortes y golpes.

Otros equipos necesarios para el manejo diario de los cerdos son

- Cascos
- Canilleras
- Protección para los ojos
- Protección auditiva
- Máscara anti-polvo
- Guantes
- Tablas de clasificación
- Rodilleras

# Capítulo 5: Nutrición y alimentación de los cerdos

Los cerdos, al igual que la mayoría de los animales de granja, requieren nutrientes y vitaminas esenciales para satisfacer sus necesidades de sustento. Si no se proporciona a los cerdos estos requisitos nutricionales, aumenta el riesgo de que sufran un retraso en el crecimiento, una mala reproducción y una mala lactancia, entre otras funciones. La buena alimentación es una necesidad para estos animales. Se pueden utilizar piensos locales disponibles y asequibles.

Recuerde que el pienso es el mayor factor de costo en la cría de cerdos y puede suponer entre el 60% y el 80% del costo total de producción. Se puede alimentar a los cerdos con desechos de cocina y vegetales. El alimento debe tener la cantidad y la mezcla adecuadas. Y debe centrarse en las fuentes de energía valiosas más que en lograr la eficiencia alimentaria o la tasa de crecimiento. Sin embargo, sus necesidades nutricionales pueden dividirse en cinco categorías: carbohidratos, grasas, proteínas, minerales y vitaminas.

# ¿Cómo digieren los alimentos los cerdos?

Los cerdos consumen los alimentos con la boca, donde comienza el proceso de digestión. Los cerdos son animales omnívoros, con una de las mejores tasas entre alimento y carne. Cuando son lechones, nacen con dientes de aguja. A medida que crecen, a los jabalíes les salen colmillos y caninos, que utilizan como armas si se sienten amenazados. Sus molares tienen numerosas protuberancias, lo cual los hace ideales para triturar la comida.

La comida es masticada en trozos más pequeños, que luego se mezclan con la saliva, facilitando su deglución. A continuación, los alimentos pasan por el esófago y llegan al estómago, donde son descompuestos por otras enzimas para formar el quimo. Este quimo se descompone posteriormente en el intestino delgado y se absorbe. No se detiene ahí, ya que las partículas de comida se abren paso hacia el intestino grueso (ciego y colon), donde el agua y los nutrientes restantes son absorbidos por el cuerpo del cerdo. El colon forma las heces, que se expulsan por el ano.

# ¿Qué puede dar de comer al cerdo?

### Granos

Puede alimentar cómodamente a sus cerdos con granos preparados comercialmente o fabricados localmente. Los granos de cereal son la principal fuente de energía en los alimentos, tanto en humanos como en animales. Para sus cerdos, considere una mezcla total de alimentos que se constituya aproximadamente entre un 55% y un 65% de granos. Los cereales son principalmente alimentos que aportan energía, pero también contribuyen a aproximadamente el 20-50% de todo el contenido de proteínas de la mezcla de alimentos.

Por ejemplo:

- El arroz partido contiene aproximadamente un 8% de proteínas.
- El maíz también es una gran opción de alimentación con alto contenido de energía digerible. Puede ser la principal fuente de energía en la mezcla de alimentos. El maíz es una opción alimentaria asequible en muchos países, especialmente en Sudamérica y África.
- La avena es una buena fuente de energía, pero no puede constituir más del 40% de una mezcla para cerdos en crecimiento y menos del 60% en cerdos maduros.
- El sorgo tiene propiedades similares a las del maíz. Considere la posibilidad de utilizar uno como sustituto del otro.
- El trigo (para piensos) también es una gran fuente de energía y proteínas que puede utilizarse en la mezcla de piensos. Es una gran alternativa al maíz, pero es ligeramente más caro en comparación con este. Sin embargo, el uso de trigo puede suponer un gran ahorro en gastos de alimentación, ya que no es necesario comprar más proteínas.
- La cebada es una fuente de energía con alto contenido en fibra dietética, que es excelente para la digestión. Considere la posibilidad de mantener el contenido de cebada en la mezcla de piensos por debajo del 70%.

Hay subproductos de los cereales, como el salvado de maíz, el salvado de trigo y las mazorcas de maíz, que se utilizan para reducir la energía digerible de la mezcla de alimentos. Además, estos salvados son ricos en proteínas y son relativamente asequibles. El subproducto de grano más popular es el salvado de trigo. Es rentable y rico en proteínas. Sin embargo, tiene un efecto laxante en los cerdos.

### Harina de pescado

La harina de pescado es un polvo/harina de color marrón derivado de la cocción, el secado y la trituración del pescado crudo. El pescado es una conocida fuente de proteínas. Los criadores de cerdos utilizan ampliamente la harina de pescado en las mezclas de piensos en todo el mundo.

### Harina de sangre y de cadáveres

La harina de sangre es una forma de alimentación animal elaborada a partir de la sangre del ganado vacuno o porcino como subproducto del matadero. Tiene un alto contenido de proteínas y es una de las mayores fuentes no sintéticas de nitrógeno. Pero su denso valor nutricional no justifica el uso extensivo de esta harina porque la harina de sangre es poco apetecible. Considere la posibilidad de limitar la harina de sangre al 5% en la mezcla de alimentos.

### Verduras y frutas

Observará que la mayoría de los cerdos son bastante felices comiendo brócoli, tomates, naranjas, col rizada, espinacas, coles, melones, papas, remolachas, zanahorias, manzanas y pepinos. La mayoría de las verduras, frutas e incluso los restos de pan (que no han sido manipulados) son golosinas para los cerdos. Si son subproductos, deben cocinarse adecuadamente.

La alfalfa es una opción vegetal común utilizada en las mezclas de piensos. Tiene un alto contenido de fibra, pero un bajo nivel de energía digerible. Por lo tanto, considere la posibilidad de limitar la alfalfa en la mezcla de piensos. Otras opciones vegetales comunes son la torta de soja y la torta de girasol, que tienen un alto contenido en proteínas vegetales.

La soja puede actuar como suplemento proteico para los cerdos de más de 25 lbs. (aproximadamente 11 kg). Los cerdos en crecimiento tienen una capacidad limitada para procesar las proteínas complejas que suelen encontrarse en las harinas de soja. Además, los cerdos en desarrollo pueden desarrollar alergias a ciertas proteínas que se encuentran en esta harina.

# Fuentes de minerales para los cerdos

Para los cerdos, los minerales desempeñan un papel vital en su desarrollo, rendimiento y bienestar general. Los minerales son útiles para la formación y el desarrollo de los huesos, la lactancia de las cerdas y ciertas reacciones químicas del organismo. Por ello, los cerdos necesitan unos 13 minerales diferentes. De los 13 minerales, los siguientes deben añadirse de forma rutinaria a su mezcla de alimentos: calcio, zinc, yodo, manganeso, fosfato, cobre, sodio, hierro y selenio. Los minerales para los cerdos se dividen en dos grupos: microminerales (oligoelementos) y macrominerales.

• El calcio es uno de los minerales principales más deficientes en las dietas compuestas por harinas oleaginosas y cereales. Además, el calcio afecta a la absorción de otros minerales, como el zinc. La cal de los piensos es una fuente excelente y asequible de calcio, pero no contiene fosfato. Para este mineral, considere la posibilidad de dar a los cerdos harina de huesos.

• El sodio es esencial, ya que contribuye a la función nerviosa. La deficiencia de este mineral conduce a una alteración del crecimiento y a la pérdida de apetito. Los granos mencionados anteriormente son excelentes para la energía, pero pobres en cuanto a suplementos minerales. Este problema puede resolverse simplemente añadiendo sal (cloruro de sodio) a la comida. Si el alimento es demasiado salado, considere la posibilidad de proporcionar abundante agua para reducir la toxicidad. Si no lo hace, puede causar debilidad, convulsiones o incluso la muerte de los cerdos.

• El hierro es necesario para la síntesis de la hemoglobina necesaria para el oxígeno en los glóbulos rojos. Los lechones nacen con altas concentraciones de hierro en el hígado. Las cerdas lactantes suelen necesitar hierro, ya que su leche es la única forma en que los lechones pueden obtener sus nutrientes y no contiene hierro.

Considere la posibilidad de dar a estos cerdos un suplemento de hierro en forma de inyecciones o comprimidos administrados a través de la mezcla de alimentos. La deficiencia de hierro en los cerdos provoca estos síntomas: palidez de las membranas mucosas, agrandamiento del corazón, respiración espasmódica (contracción de la tráquea), reducción de la inmunidad.

• El selenio es un mineral importante utilizado en el desarrollo de enzimas que protegen a las células contra el daño oxidativo. En Estados Unidos, la mayoría de las zonas carecen de este mineral en el suelo, pocos lugares lo tienen en abundancia. Por este motivo, compruebe el suelo de su granja o criadero de cerdos. Los signos de deficiencia de selenio incluyen distrofia muscular, muerte súbita, especialmente en lechones en crecimiento, alteración de la reproducción y necrosis hepática, entre otros.

• El zinc es un mineral importante necesario para el desarrollo de la piel normal y de muchas enzimas. Los síntomas de deficiencia incluyen una piel áspera, agrietada o escamosa, pérdida de apetito y alteración del desarrollo sexual. La concentración de zinc es baja en las plantas y los cereales; sin embargo, este mineral se encuentra en abundancia en los productos animales, como la harina de huesos.

• Al igual que el zinc, el cobre es un mineral esencial necesario para la formación y el funcionamiento de un par de enzimas. Además, este mineral es necesario para la absorción del hierro en el tracto intestinal y el hígado. La mayoría de los cultivos tienen un suministro suficiente de este mineral. La suplementación con cobre es necesaria, ya que estimula el crecimiento y la ingesta de alimentos en los cerdos, especialmente en los destetados. Los síntomas de la deficiencia de cobre incluyen el agrandamiento del corazón, el retraso en el crecimiento, los trastornos nerviosos, el escaso desarrollo de los huesos y glóbulos rojos deficientes en hemoglobina. Sin embargo, la exposición a niveles elevados de cobre produce alteraciones del crecimiento, anemia y, en casos extremos, la muerte.

- El manganeso es necesario para el funcionamiento de las enzimas que influyen en el desarrollo de los huesos, el metabolismo y la reproducción. Los signos y síntomas de la deficiencia de manganeso incluyen un desequilibrio general en los cerdos en desarrollo, problemas de lactancia en las cerdas, corvejones agrandados y retraso en el crecimiento (que incluye patas irregulares), entre otras cosas. El manganeso no se encuentra de forma natural en los cereales, por lo que es aconsejable complementar este mineral en la dieta del cerdo.

# ¿Qué no debe dar de comer a su cerdo?

La mayoría de los propietarios de cerdos no saben que darles ciertos alimentos puede ser perjudicial para ellos o incluso ilegal. Por ejemplo, alimentar a los cerdos con carne o productos cárnicos en Australia es ilegal. Alimentar a los cerdos con esto podría introducir enfermedades mortales tanto para los cerdos como para el resto del ganado presente en la granja. Los siguientes son los alimentos que no debe dar a sus cerdos.

### Carne o productos cárnicos

No debe alimentar a los cerdos con carne o productos cárnicos. Esto es ilegal en algunos países. Además, las pruebas del Laboratorio Australiano de Salud Animal CSIRO sobre productos de cerdo mostraron en 2019 que, de 418 muestras analizadas, 202 dieron positivo a la Peste Porcina Africana (PPA). Los estudios y encuestas relacionados con los cerdos han demostrado que existe una relación directa entre la PPA y la carne o productos cárnicos. Evite alimentar a los cerdos con carne para reducir las posibilidades de que se produzca un brote de peste porcina africana. Si observa alguna muerte inusual en los cerdos, póngase rápidamente en contacto con las autoridades locales.

## Desechos y restos de comida

Los desechos o restos de comida que han estado potencialmente en contacto con carne o productos cárnicos pueden ser portadores de virus peligrosos, incluida la gripe porcina africana. Como resultado, estos virus podrían obtener un punto de entrada para infectar a otros animales de granja. Es aconsejable evitar estos productos porque muchos virus pueden sobrevivir cómodamente durante largos periodos en la carne o los productos cárnicos. Algunos dicen que el brote de fiebre aftosa de 2011 en el Reino Unido tuvo su origen en los productos de desecho con los que se alimentaba a los cerdos. Los residuos alimentarios contenían productos cárnicos portadores del virus.

Absténgase de alimentar a sus cerdos con restos de cocina, alimentos procedentes de minoristas, incluidos supermercados o panaderías, vertederos, carne, sangre o huesos de otros mamíferos o aves, ya sean cocinados o crudos. Si no sabe si algún producto alimenticio ha estado en contacto con carne o productos cárnicos, no debe alimentar a los cerdos con este.

## Alimentos tradicionales para cerdos

Hay ciertos alimentos que los cerdos necesitan comer para satisfacer sus necesidades nutricionales para el crecimiento, la reproducción y el bienestar general. Los siguientes son alimentos tradicionales que puede dar a sus cerdos.

• Salvado de arroz - Es excelente para proporcionar energía. También contiene un 11% de proteínas.

• Maíz- Es la mejor fuente de energía, es muy barato y tiene un 9% de proteína.

• Granos de soya- Tiene un alto valor nutricional y contiene un 38% de proteínas. Debe cocinarse con otros alimentos como el salvado de arroz o el maíz.

• Arroz partido- Otra gran alternativa para proporcionar energía. Contiene alrededor de un 8% de proteínas.

- Salvado de trigo- Contiene una importante fibra dietética con proporciones significativas de proteínas, carbohidratos, minerales y vitaminas.

- Cultivos de raíz- Como su nombre indica, los cultivos de raíz son partes subterráneas de las plantas que consumen con frecuencia tanto los seres humanos como los animales. Nunca deben constituir más del 30% de la mezcla de piensos. Deben lavarse, pelarse, cortarse en rodajas y secarse debido a las sustancias tóxicas que se encuentran en la piel de las raíces.

- Frutas - Las frutas pueden darse frescas a los cerdos. Si han sido manipuladas durante el transporte, considere la posibilidad de hervirlas antes de alimentar a los cerdos. Las frutas adecuadas son los plátanos, la papaya, los melones y las manzanas, por mencionar algunas.

- Residuos de restaurantes o cocinas examinados - Los residuos pueden darse a los cerdos, pero deben examinarse primero por su posible contaminación. En cualquier caso, considere la posibilidad de hervir o cocinar adecuadamente estos alimentos antes de alimentar a los cerdos.

- Verduras - Las verduras pueden darse mientras estén frescas. Si se dañan o manipulan durante el transporte, deben hervirse. Son alimentos complementarios para los cerdos, por ejemplo, las espinacas, la col, la ipomea y la lechuga, entre otros.

- Ipil-Ipil- Son cultivos arbóreos disponibles localmente. Estas plantas son nutritivas y ricas en proteínas. Considere la posibilidad de mezclarlas con otros piensos antes de alimentar a los cerdos.

- Tallos de plátano- Los cerdos disfrutan comiendo tallos de plátano. Considere la posibilidad de cortarlos en trozos pequeños y añadirles sal antes de alimentar a los cerdos.

- Cassia-cola- Esta planta es rica en proteína bruta, calcio, hierro, tiamina, fósforo, vitamina C, niacina y riboflavina.

- Planta de soja verde

- Calabaza- Son una excelente fuente de vitaminas, incluida la vitamina B. Tenga cuidado al preparar las calabazas, ya que muchas vitaminas se pierden durante el proceso de preparación.

- Otras plantas con las que debe alimentar a su cerdo son el jacinto de agua, los tréboles, la alfalfa, la morera, el chayote y el melón de invierno.

# Los cerdos y sus necesidades alimentarias

### Verracos

A la hora de alimentar a los verracos, es importante recordar que no deben estar ni gordos ni demasiado flacos. Considere la posibilidad de alimentar a sus verracos con 2 kg de mezcla de piensos al día. Vigílelos de cerca; si adelgazan demasiado, considere la posibilidad de añadir más pienso cada día. Si engordan demasiado, considere la posibilidad de reducir la alimentación diaria. Si utiliza el verraco regularmente para la cría, aumente el alimento a unos 2,5 kg diarios.

### Cerdas no lactantes/preñadas y cerdas jóvenes

Tras el proceso de destete, considere la posibilidad de dar a las cerdas una mezcla de alimentos de aproximadamente 2 kg diarios. Mantenga a las cerdas en buenas condiciones durante este período, es decir, al igual que los verracos, controle el peso y la grasa de las cerdas preñadas. El pienso en el destete debe ser de unos 0,25 kg adicionales por cada lechón.

### Cerdas lactantes

Las cerdas lactantes (cerdas con lechones) requieren una mezcla de lactancia, especialmente las que tienen muchos lechones. Además, no deben perder peso, o perder el menor peso posible. Una cerda en buena forma debe ser alimentada con más de 2 kg. y las cerdas con más de seis lechones deben ser alimentadas con al menos 6 kg. de pienso y mezcla de lactancia cada día. Además, deben tener siempre acceso a agua limpia y fresca.

### Lechones jóvenes (hasta 10 semanas de edad)

Cuando se alimente a los lechones jóvenes, es importante que el pienso esté siempre seco. Considere la posibilidad de utilizar un alimentador automático para que no se desperdicie el alimento. Recuerde que los cerdos en esta etapa necesitan comer lo máximo posible para estimular su crecimiento rápido. La alimentación debe ser de aproximadamente 0,25-100 kg por día desde los siete días hasta el día en que comience el destete.

### Cerdos en crecimiento (de 11 a 13 semanas)

Una vez destetados los cerdos, crecerán a un ritmo increíble. Los cerdos en crecimiento son excelentes para obtener una carne de buena calidad con un bajo porcentaje de grasa. Sin embargo, al igual que los lechones jóvenes, considere siempre la posibilidad de alimentar a estos cerdos con un alimentador automático.

Recuerde que el apetito de los cerdos es importante para su crecimiento y desarrollo general. Los cerdos son animales limpios que se alimentan de comidas frescas y limpias en lugar de comidas rancias o incluso contaminadas. Debe limpiar sus comederos y bebederos con frecuencia; recuerde también que es importante mantener un espacio adecuado en el comedero para que los cerdos puedan alimentarse cuando lo deseen.

# Capítulo 6: Salud, cuidados y mantenimiento de los cerdos

El bienestar del cerdo es un aspecto importante que afecta directamente a la calidad de la carne. El bienestar de un cerdo incluye su bienestar físico, su bienestar mental y su vida natural. Estos aspectos pueden verse comprometidos por periodos prolongados de confinamiento, ambientes estériles o mutilaciones. El transporte de los cerdos durante largas distancias también puede afectar negativamente su bienestar.

Este capítulo le mostrará cómo cuidar adecuadamente su cerdo y las enfermedades a las que es propenso, así como los tratamientos disponibles en la actualidad. Estos temas le ayudarán a proporcionar los mejores cuidados a su cerdo para obtener una carne de calidad.

## Enfermedades y bienestar de los cerdos

### Bienestar de los cerdos

El bienestar de un cerdo no es solo una cuestión de salud o enfermedad; su bienestar también implica el aspecto ético de la cría. Esto es especialmente cierto en lo que respecta al sacrificio y el transporte. Existen diferentes perspectivas sobre el bienestar de los animales, dependiendo de los antecedentes culturales. En las pequeñas granjas, la producción porcina está directamente relacionada con las prácticas de bienestar. Su productividad y su salud mejoran a medida que mejora el trato.

### Transporte y sacrificio

Un transporte inadecuado genera estrés en los cerdos. Los cerdos no tienen glándulas sudoríparas, por lo que son muy sensibles al calor, especialmente durante el transporte. Muchos cerdos mueren cada año durante el transporte.

### Problemas de bienestar en la castración

La mayoría de los ganaderos castran a los cerdos sin darles analgésicos o anestésicos. Esto hace que los cerdos sufran dolor a corto y largo plazo. La castración también hace que los cerdos sean más susceptibles a las infecciones debido a la herida abierta. La mayoría de los ganaderos no administran analgésicos debido al tiempo y los costes adicionales que conlleva.

El anestésico debe administrarse una hora antes del procedimiento. Asegúrese de que el anestésico no sea aversivo. NOTA: Hay algunos países, como Suiza, que han prohibido la castración.

### Recorte de dientes

Los dientes de los lechones se suelen recortar inmediatamente después de nacer. El objetivo es evitar que se produzcan lesiones. Esto ocurre con frecuencia cuando intentan localizar la teta de la cerda. Las cerdas no siempre son capaces de atender a la camada en crecimiento debido a mala salud, o a que la camada es demasiado grande para manejarla. Para aumentar la tasa de supervivencia, el recorte de los dientes es crucial, o los cerdos más fuertes abrumarán al resto.

Los pezones situados en la parte delantera del cuerpo tienen la mayor cantidad de leche. Los pezones situados en la parte trasera tienen progresivamente menos leche. Una vez que un lechón ha elegido una teta, la defenderá a toda costa.

### Casa de cerdos de engorde

Los cerdos destinados a la producción de carne se mantienen en condiciones de hacinamiento y esterilidad. Suelen estar en suelos de hormigón emparrillado sin dispositivos de forrajeo. Los cerdos no pueden acceder al exterior y no experimentan el aire fresco ni la luz del día. No se comportan de forma natural y tienden a sentirse frustrados y aburridos. Suelen pelearse y morderse entre ellos, lo que provoca lesiones. Los cerdos también sufren por el corte de la cola, lo que les provoca estrés, infecciones y conflictos.

### Parideras

La cerda se trasladada a una paridera antes de la fecha del parto. A menudo se confunde con una pocilga para cerdas. La diferencia significativa es el espacio para los lechones. Los barrotes de la jaula impiden que la cerda aplaste a los lechones. Al igual que en las pocilgas para cerdas, el movimiento de la cerda está muy restringido. La cerda no puede deambular libremente para construir un nido para los lechones, ni puede alejarse de los lechones cuando le muerden las tetas.

Las parideras están permitidas en la mayoría de los países, pero esta práctica está prohibida en Suecia, Suiza y Noruega.

### Pocilga de cerdas

Aunque es habitual meter a una cerda preñada en una pocilga durante 16 semanas, esta práctica puede ser bastante perjudicial. Las pocilgas sirven de jaula mental para la cerda. Suelen tener suelos de hormigón desnudos y estrechos, que impiden a la cerda incluso darse la vuelta. La cerda solo puede tumbarse o levantarse, y con mucha dificultad.

Las pocilgas para cerdas les impiden sus comportamientos naturales. No pueden socializar, forrajear, hacer ejercicio o explorar, e impiden que la cerda salga al exterior. A los cerdos les gusta naturalmente explorar el entorno; enjaularlos les hace sentirse frustrados y estresados.

Las pocilgas para cerdas aumentan su comportamiento anormal. Tienden a morder, lo que indica niveles de estrés muy elevados. Muchos investigadores han comparado su comportamiento en dicha pocilga con la depresión clínica. Se suele limitar la alimentación durante la gestación, lo que aumenta los niveles de frustración de la cerda.

Estas pocilgas están prohibidas en el Reino Unido y Suecia, pero son populares en el resto del mundo. Se implementan cuando la cerda aún está destetando la camada anterior hasta el final de las cuatro semanas de gestación.

# Enfermedades

El factor más decisivo a la hora de poner en marcha su granja de cerdos es asegurarse de que los cerdos que adquiere gozan de buena salud. Debe obtener los informes sanitarios de cada cerdo para determinar su estado y bienestar. Puede pedir a su médico veterinario que le acompañe durante la compra para que le ayude a conocer (y evaluar) las enfermedades comunes a las que son propensos los cerdos; muchas pueden ser mortales. A continuación, se indican las enfermedades más comunes de los cerdos, junto con sus síntomas y las medidas preventivas.

# Enfermedades de la etapa previa al destete

## 1. Dermatitis exudativa

También se conoce como la *enfermedad del cerdo graso*. Es una infección provocada por una bacteria llamada *Staphylococcus hyicus*. Su síntoma principal son las lesiones cutáneas que parecen manchas negras en la piel. Se extienden y se vuelven escamosas y/o grasientas. La enfermedad puede ser mortal si no se trata.

Se puede tratar fácilmente esta infección con una serie de antibióticos, vacunas autógenas y protectores de piel. Para evitar que la enfermedad se extienda o se produzca, asegúrese de que las normas de higiene del corral sean elevadas. Considere la posibilidad de evitar la inmersión de los pezones durante el proceso de curación. Reduzca las posibilidades de que se produzcan abrasiones en la piel para evitar que la infección entre en el sistema cutáneo. Las abrasiones pueden producirse debido a equipos afilados y suelos rugosos.

## 2. Coccidiosis

Es un parásito increíblemente frecuente entre los lechones, causado por tres tipos de coccidios. Los síntomas principales son diarrea con manchas de sangre en lechones de más de 21 días de edad. Los padecimientos extremos pueden remediarse con coccidiostáticos y fluidoterapia. Debido a los daños en los intestinos, los cerdos son propensos a infecciones secundarias.

Las cerdas deben ser tratadas para evitar la propagación de la enfermedad. Las heces de las cerdas pueden suponer un gran riesgo, ya que son portadoras de muchos tipos (y en gran cantidad) de bacterias. La mejor manera de prevenir esta enfermedad es mantener un entorno limpio y seco para los cerdos.

# Enfermedades posteriores al destete

### 1. Enfermedades respiratorias

Es fácil identificar una enfermedad respiratoria entre los cerdos, ya que toserán, estornudarán, experimentarán una respiración pesada, retraso en el crecimiento y, en casos extremos, la muerte. Hay que administrar antibióticos a través del agua, la comida o inyecciones. Una ventilación inadecuada también puede aumentar las enfermedades respiratorias.

Algunas cepas de neumonía pueden reducirse administrando vacunas, por lo que es crucial identificar el tipo de cepa presente para combatirla eficazmente. El hacinamiento y la falta de higiene en las pocilgas también son factores críticos para las infecciones respiratorias.

### 2. Disentería porcina

Los cerdos con este tipo de infección suelen tener diarrea con restos de sangre en las heces. Esta infección está causada por una bacteria conocida como *Brachyspira hyodsenteriae*. Los cerdos que han completado el destete padecen una tasa de crecimiento reducida o incluso la muerte cuando están infectados.

La infección puede tratarse fácilmente con antibióticos administrados a través de la comida, el agua o inyecciones. Se puede reducir la densidad del ganado para minimizar la infección y se puede mejorar fácilmente la higiene del corral y controlar los roedores que hay en él. La enfermedad es más frecuente cuando se introducen nuevos animales en el corral.

# Enfermedades de la etapa de cría

### 1. Mastitis

Es una infección bacteriana que prevalece en las cerdas y que causa una infección en las glándulas mamarias, dando lugar a una decoloración de la piel. Los síntomas significativos de la mastitis son la reducción de la producción de leche, la pérdida de apetito y el aumento de la temperatura corporal. La mastitis puede tratarse eficazmente con antiinflamatorios o antibióticos.

La mejor manera de prevenir esta enfermedad es aumentar las normas de higiene. Es esencial mantener una nutrición saludable durante las últimas etapas del embarazo. El estrés también puede causar esta enfermedad, sobre todo si los pezones están dañados por las instalaciones de alojamiento.

### 2. Parvovirus porcino

Esta enfermedad se da sobre todo en las cerdas preñadas y es común en las cerdas jóvenes, afectando enormemente a la reproducción. Si está presente en las camadas de cerdos, sufrirán una gran disminución de tamaño debido al anquilosamiento y a los animales que nacen muertos. Esta enfermedad es bastante difícil de diagnosticar, ya que sus síntomas son transversales a otras enfermedades reproductivas. El parvovirus puede sobrevivir fuera del organismo durante varias semanas.

No existen tratamientos para esta enfermedad, de ahí la necesidad de tomar medidas preventivas.

# Otras enfermedades

### 1. Desnutrición

Se trata de una enfermedad común de los cerdos que es muy fácil de identificar. Los síntomas son un retraso en el crecimiento y una delgadez visible. Los cerdos sanos no son huesudos; los únicos huesos visibles son los omóplatos. Si el ganadero puede ver también la columna vertebral, las costillas o las caderas, los cerdos están demasiado delgados. Los cerdos crecen rápidamente en pocas semanas; si crecen lentamente, hay que considerar que el factor principal es la desnutrición.

La desnutrición se debe a la mala calidad del pienso. Los lechones que han completado el destete requieren un alimento de alta calidad en comparación con los adultos. Las cerdas lactantes también necesitan alimentos de alta calidad para producir leche.

## 2. Piojos y moscas

La infestación de piojos y moscas puede provocar la propagación de enfermedades infecciosas. Es fácil detectar los piojos en los cerdos, ya que son inusualmente grandes. Provocan pérdidas de sangre e infecciones bacterianas. Las moscas son una amenaza porque pueden posarse en las heridas abiertas y provocar enfermedades. Tratar a los cerdos con polvos puede reducir las moscas y los piojos. Hay que mantener un alto nivel de higiene y utilizar trampas para moscas.

## 3. Parásitos

Los cerdos son propensos a muchos parásitos, como ascárides y tenias. Las lombrices viven en el intestino y tienen el aspecto de un gusano. Los cerdos con parásitos experimentan una pérdida de peso repentina. Los cerdos jóvenes son los más propensos a las infecciones parasitarias. Si no se tratan, los parásitos pueden obstruir todo el intestino y provocar la muerte. Los antiparasitarios son eficaces para expulsarlos del sistema intestinal.

Las tenias suelen residir en los músculos de los cerdos, lo que da lugar al sarampión porcino. Los cerdos suelen tener dolor y dificultad para moverse. No es aconsejable comer carne infestada de tenias, ya que puede causar problemas de salud a los humanos. No hay cura para los cerdos infectados, por lo que los ganaderos deben tomar medidas para evitar que estos cerdos deambulen por la granja.

## 4. Intoxicación

Esto ocurre debido a una alimentación inadecuada. Alimentar a los cerdos con comida de varios restaurantes puede no ser lo ideal. Los cerdos pueden sufrir ceguera, perder el equilibrio, vomitar y sufrir convulsiones. Los ganaderos deben comprobar siempre la calidad de los alimentos que dan a sus cerdos.

### 5. Peste porcina africana

Está causada por la familia de virus *Asfarviridae*, que difiere de la peste porcina clásica; la fiebre puede ser causada por alimentos contaminados, picaduras de piojos, garrapatas, otros cerdos infectados y equipos médicos contaminados.

No hay tratamiento para esta enfermedad, por lo que es esencial prevenirla en primer lugar. Los cerdos infectados deben ser aislados inmediatamente después de la detección de la enfermedad.

### 6. Fiebre aftosa

Está causada por el *aftovirus picornaviridae*. Sus síntomas son salivación excesiva, fiebre y pérdida de apetito; puede ser mortal.

El ganadero debe vacunar sistemáticamente a sus cerdos para proteger a los reproductores, ya que es una enfermedad frecuente durante el invierno. Otros animales de la granja pueden propagarla.

### 7. Rabia

Esta enfermedad es transmisible a los humanos. Sus síntomas son trastornos nerviosos, agresividad, parálisis y a menudo conduce a la muerte. Los síntomas evolucionan muy rápidamente en los cerdos, y tienden a volverse temblorosos, agresivos, chillan, atacan rápidamente y tienen la voz ronca. La rabia suele ser mortal y no tiene cura.

# Consejos para prevenir las enfermedades de los cerdos

Como ganadero, debe conocer las medidas a tomar para evitar que las enfermedades infecten su ganado. Hay algunas enfermedades que se pueden tratar, pero otras pueden ser muy perjudiciales. A la hora de prevenir enfermedades, tenga en cuenta lo siguiente:

• Los cerdos deben estar encerrados en espacios con altos niveles de higiene. La zona no debe ser proclive al hacinamiento ni a la mala ventilación.

- El ganadero debe comunicarse constantemente con el veterinario para prevenir enfermedades inminentes, identificar las existentes y curar los problemas de salud. Debe ser notificado en caso de muerte.

- Todos los cerdos deben adquirirse de fuentes registradas. Hay que asegurarse de que el área está limpia y bien gestionada.

- El ganadero debe saber con qué alimenta a los cerdos. No es aconsejable alimentar a los cerdos con los residuos generales de los restaurantes o de los hogares

- Ayudaría si también cumpliera con las normas de bienestar de los cerdos. Esto es crucial, sobre todo cuando se transportan los cerdos.

- Es vital colaborar con los veterinarios para evitar cualquier contratiempo. Esto garantizará una transición sin problemas a la hora de examinar a los cerdos desde el punto de vista médico.

- Asegúrese de que la carne fresca que vende o consume sea examinada por expertos veterinarios para evitar repercusiones graves.

- Las unidades de neutralización o las autoridades locales deben ocuparse de los cuerpos de los animales muertos o de los cerdos infectados.

# Medicamentos

La medicación puede administrarse de diferentes maneras, según el medicamento. Algunos pueden ser mortales cuando se inyectan y, por tanto, deben administrarse por vía oral. Otros medicamentos solo pueden aplicarse por vía tópica para absorberse a través de la piel. A continuación, se indican algunos de los métodos convencionales de administración de medicamentos:

## Por vía oral

La mayoría de los antibióticos se administran por la boca.

### Tópico

El medicamento se aplica sobre la piel. El ganadero puede utilizar un spray para aplicarlo en la superficie.

### Por inyección

La inyección puede ser intradérmica, intramuscular, subcutánea o intravenosa.

### Por vía uterina

Los antibióticos pueden introducirse en la parte anterior de la vagina cuando está infectada.

### Vía rectal

Este no es un método habitual de administración de fármacos. Se utiliza en cerdos que sufren intoxicación por sal.

Utilice la información del frasco para orientarse sobre el método de administración. Si tiene problemas, consulte siempre a un médico veterinario.

# Cómo cuidar a un cerdo

Los cerdos son animales inteligentes y, si se les educa en la limpieza desde su nacimiento, no se desviarán. Hay diferentes etapas de los cerdos a medida que crecen; inicial, crecimiento, final y reproductora. Al criar los cerdos, el hormigón es más limpio que otros entornos. El hormigón reduce la exposición a los parásitos. Sus cerdos necesitan mucha sombra y protección de la lluvia, el viento y la nieve.

La exposición a demasiado calor puede hacer que los cerdos sufran un paro. La exposición puede causar toxicidad por sal, especialmente si no hay agua. Debe proporcionarles agua limpia y fresca. Añada agua cada treinta minutos hasta que los cerdos hayan bebido hasta saciarse. La falta de hidratación adecuada puede causar problemas cerebrales.

El tamaño y la edad de los cerdos determinarán las necesidades de espacio en el corral. Proporcione a la cerda una jaula durante el parto para evitar que se acueste sobre otro cerdo. A medida que los cerdos crecen, asegúrese de que disponen de un metro de espacio.

La nutrición del cerdo depende de las edades. Los cerdos en fase de crecimiento necesitan piensos diferentes que les proporcionen más energía. Sus piensos requieren un contenido energético más elevado.

Debe haber tratamientos de parásitos externos e internos. El tipo de alojamiento y el historial afectan a la inoculación. La cerda se trata antes de la cría y quince días antes del parto. Se debe tratar a los cerdos en crecimiento, especialmente si están en un suelo sucio. También, tomar una muestra fecal de los cerdos en crecimiento para determinar el producto adecuado para desparasitar. Los restos de comida humana, especialmente los que contienen carne, no deben darse a los cerdos.

No se sienta presionado para vacunar a los cerdos, especialmente durante la temporada de calor, ya que esto puede ser una fuente de estrés adicional. Administre la vacuna individualmente a los cerdos para evitar el hipo. Utilice el peso de los cerdos para determinar su estado de salud general.

Al transportar cerdos, debe obtener sus certificados de salud. Asegúrese de tener la factura de venta de los cerdos en sus registros. En algunos estados es un requisito proporcionar tales documentos al sacrificar o vender. El certificado de salud es crucial cuando se viaja a través de diferentes estados. El uso de muescas y tatuajes en los cerdos ha demostrado ser un aspecto esencial para su identificación.

# Cuidado de los cerdos durante las diferentes estaciones del año

Los cerdos experimentan un calor extremo durante el verano, ya que disminuye la alimentación, crecen y producen leche. También sufren lo mismo durante la temporada de invierno. Las estaciones frías provocan un crecimiento lento, una menor eficiencia alimenticia, una alta tasa de infección, pérdida de grasa corporal y una alta tasa de mortalidad.

Cuando hace demasiado frío, los cerdos intentan mantenerse calientes minimizando la pérdida de calor; tiritan para aumentar la producción de calor metabólico y aumentar la ingesta de alimentos. Sin embargo, cuando un cerdo está estresado, evita comer. Es esencial mantenerlos calientes, especialmente dos semanas después de su llegada.

Puede utilizar estos mecanismos específicos para reducir la pérdida de calor. Acomodar sus patas bajo el cuerpo y acurrucarlos. Los lechones y los cerdos jóvenes pueden cambiar su forma de dormir y defecar para obtener calor de sus excrementos. Estos pasos le ayudarán a garantizar que sus cerdos se mantengan siempre calientes:

- Es fundamental que sepa identificar cuándo los cerdos tienen frío. Tienden a acurrucarse y a meter las patas debajo del cuerpo. Los cerdos desarrollarán un pelo largo y áspero y se volverán flacos.
- Asegúrese de que los cerdos estén secos y de que su cama se cambie con frecuencia.
- Reduzca la ventilación de la habitación durante los meses fríos. Asegúrese de que las puertas y ventanas estén siempre cerradas.
- Aísle las paredes y los techos.
- Utilice la calefacción por zonas, como los focos, las cajas de arrastre y las esteras con calefacción.

- Evite los factores de estrés múltiples. La vacunación, el destete, la castración, el transporte, el cambio de entorno y el cambio de alimentación pueden inducir al enfriamiento.

# ¿Cuándo debe ponerse en contacto con un veterinario?

La prevención de enfermedades sigue siendo un reto importante para los ganaderos, y continuamente aparecen nuevas enfermedades en los cerdos. La enfermedad es una amenaza para los cerdos y para el suministro de alimentos en la granja. Para prevenir las enfermedades se adoptan algunas medidas: la seguridad alimentaria y las actividades adecuadas de cría de cerdos. Sin embargo, la más importante es la bioseguridad. Se trata de una importante herramienta de gestión para reducir la propagación de enfermedades.

Los veterinarios participan día a día en el cuidado de los cerdos. Hoy en día, su papel ha evolucionado más allá del mero tratamiento de los cerdos enfermos. Son útiles a la hora de ser consultados, gestionar e incluso construir una nueva granja.

Los veterinarios son cruciales a la hora de hacer un inventario de medicamentos, tener en cuenta el clima y la alimentación, tomar muestras de laboratorio para realizar pruebas, gestionar los brotes de enfermedades y calcular las fechas de retiro. Los siguientes son ejemplos de los casos en los que un criador de cerdos debe consultar a un veterinario:

- Realizar pruebas de detección de virus y administrar vacunas
- Supervisar los planes de gestión sanitaria
- Evaluar a las cerdas individualmente
- Garantizar un parto seguro de recién nacidos y cuidar de las nuevas madres

Las necesidades básicas de un cerdo moderno son aumentar la producción y la eficiencia. Para obtener la máxima rentabilidad, un médico veterinario es clave. Una revisión mensual rutinaria puede ahorrarle muchos problemas. La visita mensual debe servir para crear una mayor conciencia de los problemas relacionados con la granja y desarrollar procedimientos para resolverlos. Un médico veterinario aumenta la eficacia, contribuye a la gestión, educa al ganadero, controla las enfermedades y las previene.

El ganadero debe acompañar al veterinario en sus revisiones rutinarias para hacerle observaciones. Es vital que, durante este tiempo, el ganadero discuta con el veterinario los puntos débiles y fuertes de la raza. Obtenga un informe escrito como prueba. Servirá como recordatorio de las discusiones y como punto de referencia de las recomendaciones.

# Capítulo 7: Reproducción y cría del cerdo

La reproducción es un factor importante de rentabilidad en la industria porcina. Esto se debe a que el número de cerdos, cerdas y cerdos destetados cada año es crucial para las ganancias de muchos inversores en la industria porcina. Este número depende en gran medida del número total de cerdos por camada de cada cerda. Desde la reproducción al destete de los lechones, la cría depende de estos animales. Los lechones deben ser capaces de crecer rápidamente en un periodo corto y producir cuerpos de calidad, con poca grasa y mucha carne.

Es esencial comprar animales reproductores de alta calidad. Los cerdos deben proceder de una granja con altos niveles de nutrición, higiene y gestión general. Si es su primera vez, considere la posibilidad de contar con un profesional o una persona con experiencia que le ayude a tomar la decisión correcta. Este tema le ayudará a comprender mejor la cría y reproducción de los cerdos.

Una raza puede definirse como un grupo de animales que comparten la misma ascendencia con rasgos identificables. Cuando este grupo de animales se aparea, produce una descendencia con las mismas cualidades. El objetivo principal de la cría es conseguir los rasgos deseados que se consideran rentables.

## Sistemas de apareamiento o reproducción de cerdos

Como se ha mencionado anteriormente, la cría de cerdos requiere un conocimiento o experiencia importante en el manejo de estas prácticas. A la hora de comprar cerdos de cría, considere los que han sido bien alimentados y mantenidos en condiciones sanitarias. Si tiene una granja a pequeña escala, tenga en cuenta los siguientes criterios de selección a la hora de elegir verracos, cerdas jóvenes y cerdas:

• Considere la posibilidad de comprar verracos de raza pura por encima de la media. La cría pura consiste en criar cerdos de la misma raza. El objetivo principal de la cría pura es la identificación y propulsión de genes «superiores» para su uso en la producción comercial de carne.

• Al comprar verracos, considere la posibilidad de adquirir las razas más destacadas que se utilizan en su país.

• Al comprar cerdas jóvenes, es fundamental adquirirlas de un vendedor de confianza que lleve un registro de los cerdos. Las cerdas jóvenes pueden ser de raza pura o cruzadas. También hay que considerar la posibilidad de comprar cerdas jóvenes al mismo vendedor. Es importante buscar la opinión de un experto en estas cuestiones para que le ayude a identificar la política de cría adecuada.

• Si decide seleccionar sus propias cerdas jóvenes, aplique medidas estrictas y mantenga registros precisos de crecimiento y conversión alimenticia.

• Su selección de cerdas jóvenes debe basarse en el tamaño de la camada, es decir, considere la posibilidad de elegir una cerda joven con 12 pezones para atender una camada grande.

• Considere elegir cerdas jóvenes de por lo menos ocho meses de edad y aproximadamente 120 kg (264 lbs.) antes de su primer parto.

• Las cerdas jóvenes elegidas de cerdas que destetan aproximadamente de ocho a diez lechones por cada camada están relacionadas con una buena maternidad. Las cerdas deben tener su primer parto al cabo de un año y el segundo parto a los siete meses del primero.

• La elección de las cerdas o de los verracos debe basarse en su capacidad de crecimiento rápido. En un futuro próximo, esto resultará menos costoso de mantener, ya que consumen menos a medida que ganan peso saludable con una grasa corporal razonable.

• Considere la posibilidad de elegir cerdas jóvenes con pezones adecuados, es decir, no invertidos o con depósitos de grasa en la base de los pezones.

• Lo mejor sería elegir cerdas jóvenes con jamones bien desarrollados. Antes de iniciar el proceso de apareamiento, considere la posibilidad de exponer a las cerdas jóvenes al celo durante unos dos o tres días. Sin embargo, en el caso de las cerdas jóvenes, deberían aparearse después del primer día de su periodo de celo, mientras que las cerdas deberían aparearse en el segundo día del mismo.

• Los verracos deben estar bien desarrollados, con una alimentación sana, jamones adecuados y una buena longitud total. Además, estos desarrollos deben extenderse a los pezones; deben tener 12 pezones primarios para aumentar las posibilidades de transmitir este rasgo deseable.

• Considere el verraco más grande de la camada para utilizarlo como padre. Si se va a realizar la castración, tiene que ser cuatro semanas después de que se haya completado el proceso de cría.

- Al igual que las consideraciones sobre la edad de la cerda, el verraco también debe tener al menos ocho meses antes de su primera cubrición.

Los sistemas de cría y apareamiento son métodos utilizados para emparejar verracos y cerdas (y a veces cerdas jóvenes) con el fin de conseguir rasgos rentables y deseados en la descendencia. La genética desempeña un papel fundamental en la productividad y el rendimiento generales de los cerdos. Se insta a los criadores de cerdos a que se familiaricen con estos métodos.

Se trata de dos estrategias principales: el apareamiento asertivo positivo y el apareamiento asertivo negativo. Con la aserción positiva en el apareamiento, la cría se lleva a cabo para aumentar las posibilidades de conseguir los rasgos deseados, al tiempo que se reducen las probabilidades de los indeseables. El apareamiento asertivo negativo implica la cría de dos cerdos diferentes para rectificar la expresión de un determinado rasgo. Los siguientes son los sistemas de cría más comunes que utilizan los criadores de cerdos.

### Cruce externo

El cruce externo implica el apareamiento de cerdos de la misma raza, pero con ligeras relaciones con la raza promedio. También se conoce como exogamia. En pocas palabras, no debe haber un ancestro común entre los cerdos apareados durante un par de generaciones.

### Cruce interno

Este sistema de cría implica la unión de dos cerdos estrechamente relacionados dentro de la misma raza. El parentesco puede ser desde madre e hijo, hija y padre, o hermanos con hermanos. Como resultado, se pueden concentrar genes comunes y deseables en la descendencia. Sin embargo, hay que contar con una reducción del tamaño de la camada. Estos son otros efectos de la endogamia

# Efectos de la endogamia

• La consanguinidad aumenta las tasas de mortalidad en los cerdos. Se observan ciertas limitaciones en la función física general con inestabilidad. Además, cuando la cerda no puede moverse, el riesgo de mortalidad aumenta considerablemente.

• Los verracos endogámicos tienden a tener un bajo impulso sexual.

• La separación de las crías o de los padres afecta gravemente a los cerdos. El objetivo principal de la cría es crear rasgos deseables en los cerdos con fines comerciales. Una vez que se retiran los lechones macho o hembra, el estrés puede afectar negativamente a los cerdos o lechones restantes.

• La cría entre hermanos no siempre da el resultado deseado.

• Aproximadamente entre el 25% y el 50% de los lechones suelen nacer más pequeños y débiles en comparación con la primera cerda. Además, algunos de los lechones nacen muertos.

• El número total de lechones de una camada es significativamente menor.

## Cruce

El cruce implica un enfoque cuidadoso y planificado del apareamiento de los cerdos. Implica el apareamiento de dos cerdos con diferentes antecedentes. Esto da lugar a la heterosis, que es la mejora de la productividad y el rendimiento de la descendencia, especialmente en comparación con la generación anterior. La heterosis se produce cuando se cruzan diferentes razas de cerdos como mecanismo de corrección de los rasgos exhibidos en las generaciones anteriores.

# Estrategias de cruzamiento

## • Sistema terminal

Este sistema de cría es uno de los más comunes en los Estados Unidos. Los criadores de cerdos que dirigen operaciones comerciales a gran escala suelen utilizar un vástago de cría cruzada terminal. El sistema terminal implica un terminal que proporciona los rasgos genéticos deseados para maximizar el crecimiento del cerdo, el desarrollo, la eficiencia alimentaria y la calidad del cuerpo. El padre terminal puede ser de raza pura o cruzado. Los sistemas terminales dan como resultado el desarrollo de cerdos «superiores» que deberían satisfacer las demandas de su público o mercado objetivo. Este sencillo sistema ha creado grupos de cerdos genéticamente uniformes año tras año en Estados Unidos. Además, este sistema hace aflorar el vigor híbrido en todas las hembras y su descendencia.

El vigor híbrido es la tendencia de la descendencia a mostrar rasgos genéticos superiores, especialmente en comparación con la generación anterior. Una de las principales desventajas asociadas a los sistemas terminales es la compra perenne de verracos y cerdas. Se verá obligado a sustituir todas las cerdas y verracos después de venderlos a su mercado objetivo. Este proceso puede ser costoso. Además, algunos cerdos pueden introducir agentes patógenos, causando enfermedades a la piara restante.

## • Sistemas de rotación

Si considera que sus operaciones agrícolas son de pequeña escala, entonces considere la posibilidad de utilizar un sistema rotativo. Al igual que los sistemas terminales, los sistemas rotativos también son sencillos y eficaces. También se conoce como sistema de retrocruzamiento o sistema rotativo de razas, que incluye solo dos razas. Este sistema es barato y asequible para la mayoría de los pequeños criadores de cerdos. A diferencia de los sistemas de sementales terminales, los sistemas rotativos no maximizan el vigor híbrido. Pero con la tecnología y la compra de semen, algunas de estos obstáculos de los sistemas rotativos se han reducido significativamente.

• **Sistema de combinación**

Como su nombre indica, esta estrategia de cruces combina la funcionalidad de los dos métodos mencionados anteriormente. Por ejemplo, un pequeño grupo de la piara se mantiene en el sistema rotativo para producir hembras para toda la granja. Después, las cerdas jóvenes se cruzan con sementales terminales para garantizar que la mayoría (si no todos) los rasgos genéticos de la descendencia sean fácilmente vendibles en el mercado. Para un pequeño ganadero, este sistema puede ser difícil debido a la insuficiencia de mano de obra. Y este método requiere una gestión y un registro meticulosos para tener éxito.

Los sistemas de cría influyen en la composición genética de los cerdos; estos métodos desempeñan un papel fundamental en la calidad del cuerpo y el rendimiento general de su cerdo. Debido a las ventajas de la heterosis, los cruces en países como Estados Unidos se han hecho populares. Para los criadores de cerdos a pequeña escala, los sistemas de rotación son los más asequibles y prácticos, especialmente cuando se utiliza la inseminación artificial.

# Efectos de los cruces

• Da lugar a lechones con cerdas locales.
• Produce lechones con cerdas exóticas.
• La cerda local puede parir lechones más grandes y sanos.
• Los lechones nacidos del cruce son fuertes, sanos y crecen rápido.
• Desde el punto de vista financiero, el cruce es rentable, ya que la mayoría de los lechones se venden y unos pocos se seleccionan para el cruce.
• Los cerdos más fuertes y sanos se venden o se castran para la producción de carne, dejando los lechones débiles que no se pueden utilizar para los cruces.

• La selección negativa de la raza da lugar a lechones más pequeños y débiles, el 50% de los cuales morirán durante o después del parto.

• La selección negativa tiene como resultado un tamaño de camada pequeño.

### Reproducción lineal

La transmisión de rasgos indeseables es el resultado de la selección negativa de la consanguinidad. Cuanto más estrecha sea la relación de los padres, mayor será el riesgo de transmitir rasgos indeseables a la siguiente generación. Los rasgos son fenotípicos, lo que significa que los resultados afectarán a la salud, la productividad y el bienestar general del cerdo. Este método de reproducción es como la cría, pero se centra en una característica concreta.

No es fácil de conseguir, ya que el acervo genético puede ser limitante. Afortunadamente, la tecnología ha ayudado a los criadores a identificar la relación entre los cerdos. Además, se puede utilizar la inseminación artificial para ayudar a reducir el riesgo de utilizar verracos emparentados en el proceso de reproducción. Un error que cometen los criadores es utilizar varios verracos de la misma camada para el proceso de reproducción. Considere un máximo de un verraco por camada; de lo contrario, podría estar reduciendo la diversidad genética no solo en su granja sino también en su país.

### Apareamiento aleatorio dentro de una raza

El apareamiento aleatorio implica la selección de cerdos sin consideraciones, es decir, relaciones, composición genética, etc.

# Tipos de apareamiento

- **En corral**

El apareamiento en corral es uno de los tres tipos de apareamiento que los criadores de cerdos suelen utilizar. Este proceso consiste en poner a los verracos y a las cerdas o cerdas jóvenes en el mismo corral durante un periodo específico de tiempo, normalmente de 20 a 40 días, sin una estrecha supervisión. Este método suele ser rentable, ya que los criadores de cerdos se ahorran la mano de obra. Sin embargo, afecta la tasa de partos.

- **Apareamiento manual**

Este método de apareamiento de cerdos es utilizado por granjas de tamaño pequeño y mediano. El apareamiento manual es la colocación de una hembra en celo con un verraco en el mismo corral, con la estrecha supervisión de un ganadero. Esta persona ayudará al pene del verraco a entrar en la vagina de la cerda o de la cerda joven. El apareamiento manual es eficaz para aumentar el rendimiento de las cerdas y los verracos.

- **Inseminación artificial**

La inseminación artificial del ganado porcino es una práctica común en todo el mundo. Solo en Europa, la mayoría de los cerdos se han criado por inseminación artificial en las últimas décadas. La inseminación artificial es muy útil, ya que reduce el riesgo de enfermedades y genes débiles al introducir genes deseables y «superiores».

# Signos comunes del celo/estro en cerdos

El celo, también conocido como estro, es la manifestación física de una necesidad biológica de aparearse debido al aumento de las hormonas en los cerdos. La detección del celo es el proceso de observar e identificar a las cerdas receptivas al apareamiento. Una hembra madura que no esté lactando o preñada debería celar al cabo de tres semanas. Por lo tanto, el ciclo de celo debe durar aproximadamente 3 semanas. Los signos del celo incluyen

- Malestar general o inquietud.
- Descarga de moco blanco, viscoso y pegajoso.
- Un deseo general de montar o ser montada por otros cerdos; puede ser vista montando a otros compañeros de corral.
- Movimiento de orejas.
- Rigidez (en las piernas y en la espalda), también conocida como bloqueo.
- En las hembras, la vulva se hincha y adquiere un color rojo.
- La hembra no se sienta, pero se queda quieta si se le aplica presión en la espalda. Si alguien aplica presión sobre su espalda simplemente empujando o sentándose sobre ella, la cerda se quedará quieta.
- Los cerdos pueden chillar con frecuencia o elevar su voz.

# Inducir el celo a los cerdos

### Estimulación del verraco, la cerda y la cerda joven

Se suele estimular los verracos para preparar la inseminación artificial. Recuerde que la estimulación del verraco requiere un contacto físico, incluyendo el olfateo o empujones ocasionales, para excitar a la hembra. Se debe tener precaución; considere la posibilidad de realizar el contacto tras la línea de la cerca.

Después de parir por primera vez, una cerda puede tardar en entrar en celo. Considere estas técnicas utilizadas por los ganaderos para inducir el celo;

- Acariciar suavemente la vagina/vulva de la cerda con un tallo de papaya recién cortado por la mañana. Hacer esto durante tres a cinco días.

- Lleve a la cerda junto al corral del verraco. Además, acérquelos antes de que se alimenten. Considere la posibilidad de acercar la cerda al verraco todos los días durante un breve periodo de tiempo justo antes de que se espere el periodo de celo.

- No debe aparear a estos animales durante el calor del día. Elija el mejor momento para que el verraco sirva dos veces en 24 horas, asegurando un intervalo de unas 12 a 14 horas entre cada apareamiento.

- Rocíe el corral de la cerda con la orina del verraco. Haga esto todas las mañanas durante aproximadamente tres a cinco días.

- Para evitar peleas y lesiones de los verracos, manténgalos en corrales/recintos diferentes. Considere la posibilidad de llevar la cerda al macho para el apareamiento.

- Antes de la cubrición, haga que las cerdas/cerdas jóvenes consuman uno o dos kilos (aproximadamente cuatro libras) de pienso extra al día. Después de la cubrición, prolongue el alimento extra durante una semana más.

- Si la cerda o la cerda joven no concibe, entrará en celo en unos 21 días.

- Si la cerda o cerda joven consigue concebir, considere la posibilidad de darle 0,5 kg (1 libra) de pienso extra cada día. Una semana antes del parto, reduzca gradualmente esta cantidad, sustituyéndola por abundante agua para evitar la congestión del intestino de la cerda.

- Si la cerda ha tenido su primer parto, retire todos sus lechones antes de que cumplan seis semanas. Todos los lechones deben ser retirados a la vez. Lleve a la cerda a un corral/recinto de cerdas no lactantes.

- Coloque a la cerda en un lugar cercano al verraco de manera que puedan entrar en contacto, es decir, que puedan olerse y verse.

# Cómo proporcionar asistencia en el proceso de apareamiento

En ocasiones, los verracos jóvenes pueden necesitar ayuda, ya que pueden tener dificultades para alinear a la cerda. Antes de empezar, asegúrese de limpiarse las manos y las muñecas. También ayudará que sus uñas estén cortas y limpias.

El proceso de apareamiento es lento. El verraco debería tardar aproximadamente un minuto y medio en alcanzar el punto de eyaculación. Para mejorar la concepción, considere la posibilidad de triturar un kilo de semen nelumbinis, también conocido como *semilla de loto*, en la mezcla de pienso del cerdo. Dé este alimento al cerdo dos veces al día durante unos tres a cinco días.

## *Culling* o sacrificio

El sacrificio es un término que se aplica a la baja productividad y fertilidad de los cerdos debido a la edad o a ciertos problemas como enfermedades o lesiones físicas. Considere la posibilidad de vender las cerdas difíciles de fecundar. Además, si esas cerdas tienen camadas pequeñas, deben venderse. Considere la posibilidad de sustituirlas por cerdas de reposición o nulíparas (hembras que nunca han parido o que han parido lechones muertos). Por otro lado, los verracos infértiles deben ser sacrificados, incluso los ligeramente fértiles.

# Razones para no concebir

## 1. Infertilidad

Solo en el Reino Unido, la infertilidad es la principal causa de los elevados costes de la producción porcina. En Estados Unidos, las tasas de concepción están por encima del 92%, con tasas de partos del 90%. Cualquier cosa por debajo de estos estándares se considera un problema de fertilidad o de rendimiento. Hay un par de cosas que conducen a la infertilidad en los cerdos como se explica a continuación.

• **Mala detección del celo**

La detección de celo es un proceso de reproducción porcina que se pasa por alto. La mayoría de los criadores de cerdos que no registran su primer y segundo ciclo de celo se arriesgan a perder el tercer ciclo cuando las cerdas están en su mejor ciclo reproductivo.

Es importante observar y registrar los ciclos de celo del cerdo. Es aconsejable observar a la cerda durante aproximadamente 18 a 25 días para el primer, segundo y tercer ciclo de celo para los mismos intervalos cuando la cerda esté lista para ser servida. No es aconsejable presentarle la cerda/cerda joven al verraco o inseminarla artificialmente antes de que se identifique con precisión que la cerda está en celo, es decir, el periodo en el que la cerda demuestra su receptividad sexual.

Considere la posibilidad de aparear a los dos cerdos más adelante en el tercer ciclo de celo, cuando el cerdo se mantenga firme sin avanzar. Los niveles de fertilidad son altos cuando se sirve a la cerda seis días después. Las cerdas mostrarán signos de celo antes de tres días, pero servirlas solo conduce a resultados indeseables.

• **Agentes bacterianos/parasitarios/virales**

Numerosos agentes pueden causar potencialmente infertilidad en cerdas y cerdas jóvenes. Por ejemplo, las micotoxinas son causadas por mohos y hongos que normalmente se encuentran en las mezclas de piensos, incluidos los cereales. Normalmente, todos los cerdos son susceptibles a estas toxinas, pero en los cerdos de cría es perjudicial, ya que provoca daños en el sistema de reproducción, causando abortos y mortinatos. Otros agentes son la brucelosis, la eperitrozoonosis, las bacterias en el semen, la erisipela y el síndrome reproductivo y respiratorio porcino (PRRS), entre muchos otros. Considere un buen protocolo de vacunación para evitar que estos agentes infecten a sus cerdas y cerdas jóvenes. Además, un entorno estable y de alta calidad evitará la infertilidad estacional.

• **Deficiencia nutricional**

Como se ha mencionado anteriormente, la nutrición juega un papel muy importante en el rendimiento y la capacidad de reproducción de un cerdo. La deficiencia de ciertos minerales, vitaminas, proteínas y grasas puede afectar a la capacidad de los cerdos para concebir.

• **Mala gestión**

La gestión desempeña un papel crucial en la fertilidad y el rendimiento general del cerdo. Desde el destete hasta el apareamiento, todo el proceso de crecimiento y reproducción debe planificarse y supervisarse adecuadamente. La evaluación de la solidez reproductiva debe realizarse cuando el cerdo es bastante joven (dos semanas y media). Hay otros criterios que se pueden utilizar al evaluar la solidez reproductiva de los cerdos, como se explica en el siguiente subtema.

• **Temperaturas desfavorables**

Estudios recientes han demostrado que las temperaturas extremas están relacionadas con una baja fertilidad en las cerdas y una reducción del deseo en los verracos.

## 2. Cerda con sobrepeso

Si la cerda está demasiado gorda o tiene sobrepeso, su capacidad para concebir se ve comprometida.

## 3. El verraco es demasiado joven

Hay edades óptimas para la reproducción de cerdos, como se ha explicado anteriormente. El apareamiento de cerdos a una edad temprana, es decir, cuando tienen menos de cinco o seis meses, podría provocar la incapacidad de concebir. Es aconsejable evitar el apareamiento prematuro en un intento de optimizar la reproducción en la medida de lo posible.

### 4. El verraco ha sido sobreexplotado

La sobreexplotación de un verraco afecta a su capacidad para dejar preñada a la cerda. Sobreexplotar a un verraco puede significar aparearlo más de cinco veces en una semana.

# Factores que afectan a la productividad de los cerdos

## Genética

La genética de un cerdo puede tener una gran influencia en su productividad y, en última instancia, en la rentabilidad de la empresa. La combinación de la nutrición, el entorno y el manejo acabará teniendo una gran influencia en la productividad, el tamaño y la calidad del cuerpo.

Las razas de cerdos más comunes son la blanca, la landrace y la duroc. A la hora de seleccionar un verraco, considere la posibilidad de elegir estas razas prominentes utilizadas en todo el mundo, pero preferiblemente en su país de origen. Los productores comerciales utilizan una mezcla de estas razas principales para aprovechar al máximo los efectos positivos de los cruces. Existen programas de mejora genética que tienen en cuenta diversos rasgos de rendimiento, como la relación alimento-carne, la calidad del cuerpo y la capacidad de lactancia, entre otros.

## Nutrición

Las necesidades nutricionales deben cumplirse para que su cerdo tenga un rendimiento óptimo. Los distintos cerdos tienen necesidades nutricionales diferentes, como se ha explicado en los capítulos anteriores. Por ejemplo, los verracos requieren una dieta diferente a la de las cerdas lactantes para su rendimiento y producción general. Además, la cantidad de alimento influirá en los niveles de grasa del cerdo. Para conseguir una productividad óptima, no hay que descuidar la nutrición de los cerdos.

## Enfermedades

Las enfermedades están estrechamente relacionadas con la nutrición. La salud y la nutrición son dos de los factores más críticos que afectan al rendimiento físico y económico de los cerdos desde la fase de destete hasta su sacrificio. Es fácil argumentar que una buena nutrición puede actuar como prevención de la mayoría de las enfermedades. Además, una buena dieta contribuye en gran medida a mantener un peso saludable de los cerdos, independientemente de la fase de desarrollo.

Las enfermedades están asociadas a la pérdida de peso, dependiendo de la gravedad. Las enfermedades afectan a la productividad de los cerdos de las siguientes maneras:

• Algunas enfermedades se han relacionado con una disminución del factor de crecimiento similar a la insulina, que desempeña una función integral en el crecimiento y el desarrollo de los cerdos.

• Las citoquinas son un gran grupo de proteínas que suelen segregarse como parte de la respuesta inmunitaria del cerdo a las enfermedades. Las citoquinas están asociadas a la supresión de ciertas hormonas del crecimiento. Esto es perjudicial para las tasas de crecimiento del cerdo y el tamaño corporal general.

• Ciertas enfermedades o la anorexia debido a patógenos específicos que comprometen la inmunidad del cerdo. Como resultado, las enfermedades pueden afectar a la capacidad del cerdo para comer y convertir el alimento en carne.

• Cuando el cuerpo está luchando contra los patógenos, causantes de infecciones y enfermedades, redirige los nutrientes del crecimiento fuera de los tejidos para apoyar al cuerpo en su lucha contra la enfermedad.

## Medio ambiente

El entorno es un factor importante a tener en cuenta a la hora de evaluar los posibles resultados para alcanzar los objetivos previstos en relación con la producción de carne en los cerdos. Demasiado calor estresará a los cerdos, haciéndoles revolcarse en el barro mientras intentan refrescarse. Y si el entorno es ruidoso, los cerdos estarán continuamente estresados, lo que afectará su capacidad de comer y, en última instancia, de convertir el pienso en carne.

El alojamiento individual de estos animales sociales podría ser muy estresante para ellos y, en última instancia, comprometer su bienestar y productividad. Es esencial tener en cuenta el enriquecimiento ambiental. Recuerde que los cerdos son animales sensibles e inteligentes que requieren cuidados especiales para una productividad óptima. Considere la posibilidad de utilizar materiales absorbentes para la cama que creen un entorno limpio, cómodo y, sobre todo, seco.

Ciertos factores del entorno podrían afectar el sentido de exploración y el apetito del cerdo. Por ejemplo, las botellas colgantes, las pelotas de juego y otras cosas deben cambiarse después de un tiempo para mantener el interés de los cerdos. Es importante tener en cuenta que el metabolismo del cerdo se ve afectado por las actividades de su comportamiento natural.

### Gestión

En la cría de cerdos, es esencial tener en cuenta que es posible aumentar su crecimiento y reducir la mortalidad mediante la mejora de las instalaciones y prácticas de gestión específicas.

# Cuidado y manejo de los verracos

Debe darse un alto grado de cuidado y prioridad a los verracos introducidos en la piara de cría. El manejo de estos animales influye en la eficacia general de la reproducción. Hay que recordar que un buen cuidado y manejo mejora la reproducción y produce carne de alta calidad.

• Los verracos deben estar bien alimentados. Una vez realizadas las pruebas y el examen de estos animales, el siguiente paso será alimentarlos adecuadamente. Una buena dieta proporcionará al verraco la energía suficiente para el proceso de apareamiento. Además, una buena alimentación evitará que el verraco engorde en exceso. La alimentación del verraco contribuye en gran medida a garantizar que el animal se mantenga sexualmente activo sin malas consecuencias físicas.

• Después de probarlos, es importante ser consciente de que el objetivo principal de estos animales es la reproducción. Por ello, deben ser manejados y tratados en consecuencia. Es crucial llevar a cabo procesos de fortalecimiento físico para el cerdo, además de procedimientos de estimulación sexual. Considere la posibilidad de cambiar la ubicación del verraco, proporcionando un amplio contacto con las hembras a través del método de la línea de cerca, especialmente cuando los verracos muestran un comportamiento agresivo hacia las hembras.

• Los verracos deben tener al menos siete u ocho meses antes de que puedan ser considerados para la reproducción. La evaluación debe hacerse antes de esta edad para facilitar la eliminación de los verracos problemáticos.

• Observe la libido del cerdo. El deseo de aparearse es crucial para la reproducción. Observe su agresividad a la hora de aparearse porque algunos pueden necesitar ayuda al menos una vez en su vida de apareamiento. Lo mismo ocurre con la monta, ya que algunos pueden estar físicamente lesionados o padecer artritis, lo que les impide realizar la monta con éxito.

# Capítulo 8: Parto y cuidado de los lechones

Un buen manejo y cuidado puede influir en la salud de los lechones recién nacidos y en su número. También afectará sus niveles de producción más adelante. La mayoría de las muertes se producen debido a la inanición y al destete precoz. Esto es común en los primeros días de vida del lechón.

Un cuidador excelente debe conocer a los lechones recién nacidos y sus características. Esto hace que los cerdos dependan en exceso de cuidados y un manejo adecuados. Los lechones nacen sin anticuerpos y su cuerpo tiene un contenido de grasa que solo puede durar un día. Los lechones solo pueden regular su temperatura corporal durante unos días. Hay que cuidarlos y protegerlos de las enfermedades que pueden comprometer su salud.

## El proceso de parición

Es necesario conocer la anatomía de la pelvis y del aparato reproductor para facilitar el proceso de parto. Cuando se inicia el parto, la vulva se agranda y la vagina, lo que lleva a la apertura del útero. Lubrique sus brazos antes de introducirlos en la vagina para no causar daños. El cuello del útero conduce a dos largas trompas que contienen a los lechones.

El cordón umbilical del lechón termina en la placenta que está adherida a la superficie del útero. El cordón tiene el valor nutricional para complementar a los lechones. La placenta encierra al lechón en un saco que transporta sus fluidos y productos de desecho. La placenta y el saco se conocen como la placenta.

### El comienzo del parto

Una vez que el lechón alcanza la fase final de madurez tras 115 días, comienza el parto. La hipófisis y las glándulas suprarrenales son activadas por el lechón para producir corticosteroides. Las hormonas son transportadas por el torrente sanguíneo hasta la placenta. La placenta es estimulada para producir prostaglandinas que son transportadas al ovario. Estas son las responsables de terminar la gestación; por lo tanto, las hormonas inician el parto.

### Duración del parto

El periodo mínimo de gestación es de 115 días. Las cerdas jóvenes tienen una duración más corta en comparación con las cerdas maduras. La duración se ve afectada por el entorno, el tamaño de la camada, la raza y la época del año.

# Preparación del parto

El proceso se desarrolla en tres etapas:

### Etapa 1: Período previo al parto

La preparación debe comenzar catorce días antes del día del parto. Los pezones comienzan a agrandarse, las venas de la parte inferior sobresalen y la vulva se hincha. El parto reduce el apetito de la cerda, que se vuelve inquieta. A doce horas del parto, las glándulas mamarias de la cerda pueden ser estimuladas para secretar leche. Esta es la mejor señal del parto. También se puede observar una pequeña secreción mucosa en la vulva y la presencia de bolitas de heces. Las bolitas indican que el lechón las está segregando. Se debe realizar un examen.

### Etapa 2: El proceso de parición

El proceso puede durar hasta ocho horas con una variación de 20 minutos en medio; hay que controlar a la cerda y a la camada en caso de que se produzca algún daño. El intervalo entre el primero y segundo cerdo puede durar hasta 45 minutos. La mayoría de los cerdos nacen de cabeza, pero algunos salen al revés. Notará el movimiento de la cola cuando esté lista para parir.

### Etapa 3: Expulsión de la placenta

Esto puede durar hasta cuatro horas e indica que el proceso de parición se ha completado. La cerda parecerá estar en paz, y los temblores y el movimiento de las patas traseras cesarán. Después del parto suele haber una fuerte secreción durante cinco días. A veces, las bacterias entran en el útero y provocan una inflamación conocida como endometritis.

# Problemas probables del parto

### Paso 1

La cerda tendrá dificultades si se presenta alguno de estos problemas. Notará la falta de lechones, jadeo lento y angustia o sangre en la región de la vulva. No poder dar a luz los lechones puede llevar a estas condiciones:

- Rotación del vientre
- Enfermedad de la cerda
- La inercia del vientre
- Cerdos anquilosados
- Cerdos muertos en el vientre
- El nerviosismo de la cerda
- Cerda con exceso de grasa

### Paso 2

Es conveniente examinar internamente a la cerda con agua tibia y un antiséptico suave. Evite utilizar detergentes, ya que pueden irritar a la cerda. Asegúrese de que tiene las manos bien lavadas y las uñas cortas. Examine a la cerda cuando esté tumbada de lado.

# Problemas que puede encontrar durante el parto

### Inercia uterina

Es cuando el útero deja de contraerse, y dos o tres lechones están justo después del cuello del útero. Si los lechones están en posición anterior con las patas por encima de la cabeza, puede sacarlos fácilmente. En una gestación interrumpida, los lechones pueden salir al levantarles las patas traseras y sujetarles las manos con el primer y segundo dedo.

### Presentaciones difíciles

Hay ciertas ocasiones en las que un lechón grande es difícil de parir. Puede utilizar un trozo de cordón y hacer un bucle en el centro alrededor del tercer dedo. Utilice muchos lubricantes para pasar el cordón por la vagina. El cordón se coloca entre la oreja derecha y la izquierda, y luego se asegura en la mandíbula. La tracción puede ayudar a asegurar el lechón.

### Rotación de las trompas uterinas

Esto ocurre cuando hay camadas grandes. El cruce de las trompas tuerce el cuello uterino. Pasando la mano a través del cuello uterino, se palpa el cerdo hacia abajo. Debe utilizar los brazos completos para sacar los lechones.

### Estimular al lechón para que respire

Si un lechón nace y no respira, coja una pajita y métasela suavemente por la nariz. Esto hará que el lechón tosa y elimine la mucosidad que bloquea la tráquea. Coloque su tercer dedo sobre la boca con la lengua afuera. Coloque su mano alrededor de la cabeza y gire el cerdo hacia abajo para eliminar la mucosidad de la garganta.

### Paso 3

Si examina a la cerda y detecta inercia uterina, puede inyectar oxitocina para ayudarle a contraerse. Esto puede evitarse, ya que el brazo en la vagina estimulará más contracciones. Las cerdas adultas son capaces de hacerlo. Sin embargo, a las cerdas jóvenes les puede resultar difícil y da lugar a que nazcan muertos. Se puede colocar un lechón en la teta de la cerda para ayudar a estimular las contracciones.

### Paso 4

Una vez que haya completado el examen y el parto, administre antibióticos a cada lechón. La penicilina es adecuada para prevenir cualquier infección. Si se produce la muerte de los lechones, es crucial poner antibióticos en el cuello del útero de la cerda.

### Paso 5

Vigile a la cerda durante 24 horas para detectar cualquier signo de infección.

## Cómo cuidar a los lechones después del parto

El cuidado de los cerdos recién nacidos requiere un buen entorno, una nutrición adecuada y seguridad frente a enfermedades y aplastamientos. La atención individual del cuidador a los cerdos reduce considerablemente la tasa de mortalidad. El trabajo de parto afecta directamente el tiempo que se pasa en la paridera.

# Diferentes categorías de lechones

Los lechones nacen en dos categorías: normales y desfavorecidos. Un cuidador debe saber identificar cada una de ellas para proporcionarles los cuidados adecuados. Los lechones normales nacen rápidamente y pueden dar algunos pasos. Se amamantan a los quince minutos de nacer. Si la cerda está en buenas condiciones y el entorno de parto es estupendo, los lechones prosperarán.

Los lechones en desventaja tienen poco peso, llevan defectos congénitos, son más fríos y tardan en localizar una teta. Cuanto más tarda una cerda en parir, peor es el estado de los lechones. Suele faltarles oxígeno y sufren traumas físicos. Su estado de debilidad les hace incapaces de competir con otros lechones. Los lechones fríos tienen una temperatura baja que aumenta la tasa de mortalidad.

Estas técnicas le ayudarán a cuidar de sus lechones.

# Parto atendido

Según las investigaciones, un parto adecuado puede aumentar la tasa de supervivencia de los lechones y el número de lechones destetados. Estar presente en la fase de parto es vital para identificar a los lechones que puedan necesitar más atención.

### Prevenir el enfriamiento

Las salas de partos deben tener dos climas. La cerda necesita una temperatura fresca de 65 F, y los lechones requieren 80 F. Puede mantener la sala a temperatura ambiente y proporcionar calefacción para los lechones.

Asegúrese de supervisar las respuestas de la camada para establecer la temperatura específica de sus necesidades térmicas. Verá que los lechones se alejan de la zona de calefacción si la temperatura es demasiado alta. La temperatura de la zona debe fijarse 24 horas antes del parto. Puede utilizar almohadillas térmicas, radiadores y focos para proporcionar el calor necesario. Tenga cuidado de no colocar la lámpara directamente en la parte trasera de la cerda durante el parto para reducir la mortalidad.

### Toma de calostro

La leche inicial de los pezones se conoce como calostro. Esta leche es rica en anticuerpos que ayudan a los lechones a combatir las infecciones. Los lechones deben ingerir esta leche para su bienestar general. He aquí una táctica para asegurarse de que los lechones reciban suficiente calostro:

• Regule la temperatura, para que los lechones se mantengan calientes y activos.

• Divida los turnos de mamadas para asegurarse de que todos los lechones tengan suficiente tiempo para alimentarse. Puede separar a los más fuertes de las tetas durante una o dos horas. Esta es una gran técnica para asegurarse de que los lechones tomen mucho calostro.

### Crianza cruzada

Esta es una gran estrategia para disminuir la mortalidad de los cerdos reduciendo la variación del peso de la camada. También es una gran manera de determinar el número de pezones funcionales. Una buena crianza cruzada ayudará a asegurar el buen estado de salud de los lechones y aumentar el suministro de leche. Consejos para una crianza cruzada eficaz:

• Asegúrese de que los lechones obtengan calostro de sus madres. Esto debe ocurrir mínimo seis horas después del nacimiento.

• Es esencial acoger de forma cruzada a los lechones 48 horas después de su nacimiento. Los lechones identifican la cerda que los amamantará y se apegan hasta el destete. Esto es crucial para reducir la competencia y la lucha en la teta. Cuando no se establece la fidelidad al pezón, el lechón sufre una pérdida de peso.

# Procesamiento de los lechones

El procesamiento de los lechones comienza con el recorte de los dientes, el corte y el tratamiento del cordón umbilical, el corte de la cola, la administración de hierro, el tratamiento de los lechones con las patas separadas, la castración y el suministro de nutrientes suplementarios. Estos procesos pueden ser realizados por un especialista o por un cuidador, según se prefiera. Se recomienda que estas actividades se lleven a cabo cuatro días después del nacimiento para reducir los niveles de estrés de los recién nacidos.

### Equipo

Disponga todo el equipo en un remolque con ruedas. Los suministros y el equipo deben estar desinfectados. Reúna los cortadores, el suplemento de hierro, las jeringas, las agujas y las pinzas de plástico en una bandeja.

### Transferencia de enfermedades

Minimice las posibilidades de infección durante el traslado de los lechones. Procese la camada enferma en último lugar. Limpie y desinfecte la caja o los carros después de mover a los lechones.

### Seguridad de la persona

Las cerdas son más territoriales después de dar a luz a los lechones. La cerda puede morderle por proteger la camada, así que asegúrese de que haya un tabique entre usted y la cerda.

### Sujetar al lechón

Cuando intente cortar los dientes, la cola y el cordón umbilical, sujete al cerdo con firmeza. Tenga cuidado de no ahogar al lechón al realizar estos procesos. Puede sostener el peso del lechón colocando sus dedos bajo la mandíbula. Si esto le resulta demasiado duro, coloque el lechón sobre su rodilla con cuidado.

### Cuidado del cordón umbilical

El cordón umbilical puede fomentar las bacterias y los virus si no se cuida adecuadamente. El cordón es importante para ayudar al feto a obtener nutrientes y expulsar residuos durante el embarazo. Es posible que las bacterias provoquen un sangrado excesivo en los lechones.

Si hay un sangrado excesivo del cordón, átelo con una cuerda o una pinza. Los lechones recién nacidos no necesitan que se les pince o ate el cordón. Sin embargo, si el cordón es corto, puede causar una pérdida excesiva de sangre y, finalmente, la muerte.

### Recorte de dientes de aguja

Un lechón recién nacido tiene ocho dientes de aguja, conocidos comúnmente como caninos. Están situados a los lados de la mandíbula superior e inferior. La mayoría de los cuidadores prefieren recortar los dientes en las 24 horas siguientes al nacimiento para reducir la laceración entre ellos. Es crucial realizarlo si tienen enfermedad del cerdo graso o cuando las cerdas no están lactando bien. He aquí algunos consejos para ayudarle.

• Use cortadores sin cuchillas cuando recorte. No utilice cortadores de alambre normales y reemplace los cortadores laterales.

• Recorte la mitad del diente. Evite quitar todo el diente y no lo aplaste ni lo rompa. Esto impedirá que el lechón se amamante correctamente.

• Corte el diente de forma plana y no en ángulo. Las posibilidades de que el lechón tenga problemas con los dientes planos son menores.

### Cortar la cola

El corte de la cola es crucial para reducir el canibalismo y el mordisqueo de la cola. El proceso debe realizarse 48 horas después del parto. Esto se debe a que puede ser estresante para el lechón. Este momento es crucial para que la camada no mordisquee la cola recién cortada y los cuartos de parto estén limpios. Corte la cola a unos dos centímetros de la articulación. Si se corta demasiado, la actividad muscular alrededor del ano se ve afectada. Utilice cortadores esterilizados para realizar este procedimiento. Evite los objetos extremadamente afilados, como el bisturí, ya que pueden provocar una hemorragia excesiva.

### Hierro suplementario

Se debe prevenir la anemia en los lechones. La deficiencia de hierro se desarrolla rápidamente en los cerdos lactantes, ya que el calostro no es suficiente para mantenerlos. Las reservas del lechón recién nacido son escasas, la interacción con el suelo es mínima y el crecimiento es rápido.

El hierro puede administrarse por inyección o por vía oral. La inyección es una forma más eficaz de administrar el hierro, ya que se absorbe más rápidamente, reduciendo el déficit. El hierro por vía oral puede provocar enfermedades entéricas, ya que es necesario para los microorganismos del tracto digestivo. Puede dar hierro a los lechones cuando tengan tres días. Procure no excederse en la dosis; 200 mg son suficientes.

### Alimentación suplementaria

Además de la leche de las cerdas, los cerdos necesitan un *creep* (alimento suplementario) para maximizar el aumento de peso en el destete. Se debe dar un alimento suplementario la primera semana lejos de la cerda. La ración debe ser de alta calidad y estar lista para comer. Las raciones suplementarias pueden mezclarse en la granja o comprarse. Utilice un pienso de alta energía que satisfaga los nutrientes necesarios para el cerdo.

### Castración

Se trata de la extirpación quirúrgica de los dos testículos y se considera una práctica rutinaria para los lechones destinados al sacrificio. Los verracos o lechones no castrados tienden a producir un mal olor durante el sacrificio. El mejor momento para la castración es cuando el lechón tiene dos semanas de edad. Es más fácil castrar a los lechones, ya que son más fáciles de sujetar y sangran menos. No se recomienda castrar antes porque puede provocar hernias escrotales.

Examine cada lechón cuidadosamente antes de castrarlo. La hernia escrotal causará un giro intestinal en el escroto. Sostenga al lechón en posición vertical permitiendo que el escroto caiga, luego apriete las patas traseras. Si se observa un agrandamiento en uno de los escrotos, el lechón tiene una hernia. Evite castrar al lechón a menos que sea un profesional y pueda tratar la hernia adecuadamente. La mayoría de las hernias son genéticas.

## Cuidados después de la castración

Debe revisar regularmente a los animales castrados para ver si hay hemorragias o tejidos infectados. Intente aplicar presión sobre la herida durante dos minutos para evitar que siga sangrando. Puede consultar a un profesional para confirmar que la herida está cicatrizando bien.

### Mantenimiento de registros

Es muy recomendable que los cuidadores utilicen los registros para establecer los puntos fuertes y débiles de los cerdos. Los rasgos reproductivos son heredables para los lechones, y es crucial tenerlo en cuenta. Es una buena manera de establecer cerdas superiores. Esto mejora el rendimiento de la lactancia de las cerdas. Tenga en cuenta la fecha de nacimiento y la causa de la muerte, la información del pedigrí, el número de lechones destetados y el peso al destete. Anote las observaciones sobre cualquier característica inusual de los lechones.

# Prevención de la propagación de enfermedades entre los lechones

Asegúrese de que los lechones están seguros y sanos. Tenga en cuenta la procedencia y el manejo de los reproductores primarios y de reposición, las normas que rigen el movimiento de personas, la disposición de la granja, la ubicación de la nueva granja y la limpieza de los cuartos de parto. El periodo más crítico del ciclo vital del cerdo es el que transcurre entre el nacimiento y el destete. Durante este periodo tan crítico se pierden dos cerdos por camada. El mal manejo es la principal causa de muerte. Los lechones pueden morir por aplastamiento, sangrado del ombligo, hambre, anemia o enfermedad.

# Capítulo 9: Carnicería y procesamiento en casa

*Advertencia de responsabilidad: En los capítulos anteriores se ha promovido la cría de cerdos de forma ética y respetuosa con los animales. El siguiente capítulo contiene detalles gráficos sobre la carnicería, el sacrificio y el procesamiento de los cerdos. Basta decir que el tema puede no ser para todo el mundo. Algunos pueden encontrar la información perturbadora y alarmante. Si piensa criar cerdos como animales de compañía y nada más, puede considerar saltarse este capítulo.*

La crisis que puso al mundo de rodillas en 2020 provocó grandes alteraciones en las cadenas de suministro de todo el mundo. Casi todas las materias primas del mercado, incluidos los artículos de la industria porcina, han sufrido en sus cadenas de suministro y distribución. Muchos criadores de cerdos se han visto obligados a buscar opciones alternativas para comercializar o distribuir sus productos, y los clientes también se han visto obligados a buscar opciones alternativas para abastecerse de carne.

Una opción que busca reducir los costes de producción es la carnicería a domicilio. Los criadores de cerdos con un mercado listo pueden vender cerdos (vivos o muertos) directamente a los consumidores. Lo que sigue pretende ayudarle a comprender las técnicas adecuadas para sacrificar cerdos en casa. Por muy inhumano que parezca el sacrificio, hay procedimientos que, cuando se siguen, dan como resultado un sacrificio humano seguido de la producción segura de carne. Si no se hace de forma adecuada, pueden aumentar los riesgos para la seguridad personal, el bienestar de los animales y la seguridad de la carne.

## Habilidades y equipo necesario para destazar un cerdo

Antes de destazar un cerdo en casa, hay varias habilidades y equipo que debe tener.

• Saber manejar un arma de fuego. El sacrificio de un cerdo empieza por quitarle la vida. La mayoría de la gente prefiere utilizar un rifle de calibre 22. Sea cual sea el caso, debe saber cómo utilizar un arma de fuego.

• Su habilidad para manejar cuchillos debe ser impecable. La cosa no acaba ahí; hay otras herramientas afiladas, como las sierras, que debe conocer a fondo. El conocimiento del manejo de los cuchillos le ayudará a sacrificar el cerdo con rapidez y eficacia. Por ejemplo, ¿sabía que un cuchillo sin filo es más peligroso que uno afilado? Los cuchillos sin filo requieren una mayor presión al cortar. Esto aumenta el riesgo de lesiones tanto para usted como para los suyos.

• Debe saber cómo tratar a los animales de forma humanitaria. Es imprescindible que aprenda a sujetar al cerdo de forma segura. Lo mejor sería que aprendiera a restringir el movimiento del cerdo porque si no lo hace, será mucho más difícil aturdirlo de forma humanitaria.

• Lo mejor sería que aprendiera los procedimientos correctos antes de empezar. Hay un cierto grado de paciencia y atención a los detalles que debe conocer para asegurarse de que tanto el animal como el cuerpo se manipulen de forma correcta.

La destreza y los conocimientos sobre el manejo de los animales y el equipo correspondiente son absolutamente necesarios cuando se trata de manipular cerdos. Una vez que haya adquirido estas habilidades, el siguiente paso es evaluar el inventario de sus equipos.

• Armas de fuego y equipo de aturdimiento

El aturdimiento eléctrico del cerdo con un aturdidor de perno cautivo lo deja inmediatamente inconsciente. Una vez que el cerdo ya no está consciente, dispararle con un rifle de calibre 22 es la forma más humana de matarlo.

• Cuchillos

Es aconsejable tener un par de cuchillos afilados. Desde cuchillos para desollar hasta sierras para huesos, considere tener unos cuantos cuchillos que midan al menos 15 centímetros.

• Suministro constante de agua

Debe considerar tener un barril de metal para calentar el agua. Si un barril de metal no es posible, considere una fuente de calor diferente capaz de calentar el agua a unos 150° F (65° C). La matanza de cerdos requiere una cantidad importante de agua.

• Cadenas y cuerdas

Se utilizan para transportar al animal después de matarlo. (Mientras esté vivo, en ningún momento se debe sujetar al animal con cadenas o cuerdas, y la sujeción nunca debe hacerse manualmente).

• Tractor

Resulta eficaz elevar al animal y seguir procesándolo. Un tractor le ayudará a realizar dicha tarea. Si un tractor no es una opción, considere un sistema de poleas.

- Contenedores para residuos y otros materiales no comestibles
- Considere la posibilidad de contar con un amigo experimentado que le guíe durante todo el proceso
- Artículos de limpieza
- Nevera

Disponga de un sistema de almacenamiento que le ayude a conservar la frescura de la carne; un frigorífico funcionará. Si eso no es una opción, entonces considere tener un mecanismo de almacenamiento capaz de bajar a 40° F (4° C) lo más rápido posible.

Una vez que tenga todas las herramientas y habilidades mencionadas anteriormente, el siguiente paso es sacrificar el cerdo. Considere la posibilidad de retener el alimento del animal durante aproximadamente 12 a 24 horas. Esto reduce el riesgo de contaminar el cuerpo con materia fecal y facilita el eviscerado del animal. Dicho esto, asegúrese de que el animal ha tenido un suministro constante de agua fresca para beber.

# Pasos para el sacrificio de cerdos

## Consideraciones meteorológicas

Si vive en una zona húmeda o calurosa, considere la posibilidad de comenzar el proceso a primera hora de la mañana para evitar el calor desfavorable del día. Además, tenga en cuenta el polvo, el viento y los desechos que podrían contaminar la carne en caso de sacrificar al animal en el exterior.

## Preparación del animal para el sacrificio

En el momento del sacrificio, el cerdo debe estar normal, psicológica y físicamente. Además, el animal debe estar bien descansado. Considere la posibilidad de hacerlos descansar la noche anterior, especialmente si han sido trasladados de un lugar a otro. Los cerdos suelen ser sacrificados a su llegada, ya que mantenerlos en corrales es estresante para estos animales. El animal no debe ser golpeado ni sujetado manualmente.

### Preparación del equipo

Después de preparar al animal, asegúrese de que todo el equipo es fácilmente accesible para garantizar un trabajo eficiente. La organización hará que el proceso sea más fluido.

### Zona de aturdimiento o sujeción

La zona de aturdimiento o retención debe ser pequeña para evitar que el animal se escape. Además, el animal debe ser aturdido entre los ojos para una muerte rápida e indolora. Se puede dibujar un símbolo imaginario para marcar el lugar. Si el animal ha sido correctamente aturdido, no debe parpadear cuando se le tocan los ojos ni emitir ningún sonido, y no debe respirar rítmicamente.

### El proceso de desangrado

Inmediatamente después del aturdimiento, el cerdo pateará enérgicamente. Estas patadas son imprevisibles, y siempre debe conocer la ubicación de su cuchillo cuando proceda a desangrar al animal. Siga el procedimiento que se indica a continuación para un eviscerado eficaz;

- Dé la vuelta al animal para que su vientre apunte hacia el cielo y poder acceder a la parte inferior.
- Con los dedos, pase la mano por el animal y localice el esternón
- Apuntando con la punta del cuchillo hacia la cola, introduzca el cuchillo justo detrás del esternón.
- A continuación, gire la muñeca 45° y saque el cuchillo. La sangre debería salir inmediatamente. Si no es así, repite este movimiento de nuevo hasta que lo haga. El animal se desangrará rápidamente, ya que el movimiento se dirige a una arteria principal, la carótida.

## Colgar el cadáver

Lo mejor es que utilice su tractor, pero si no es posible, utilice un sistema de poleas. Utilice las cuerdas o cadenas alrededor de los corvejones, pero tenga cuidado porque el animal podría resbalar. También puede hacer una incisión en cada lado de la pata del cerdo para aprovechar el resistente tendón de la articulación del corvejón. Sin embargo, hay que tener cuidado, ya que se podría cortar el tendón y el cuerpo podría caerse.

## Escaldar

Una vez que haya montado el cuerpo en un gancho de forma segura, el siguiente paso es el escaldado. Desde su posición colgante, baje el animal al agua caliente, preferiblemente a 150° F, y muévalo continuamente para quitarle el pelo. Si lo sumerge en el agua sin girarlo constantemente, la carne empezará a cocerse.

Después de unos minutos, comience a raspar y a pelar el pelo del cuerpo. Si no tiene un tanque grande para sumergirlo, utilice un par de toallas empapadas en agua caliente para obtener los mismos resultados. Si decide conservar las patas, utilice una pinza para retirar las uñas de los pies. Si el raspado se convierte en un reto, vierta agua caliente en la superficie. Si es necesario, utilice el fuego de un soplete para eliminar el pelo, pero tenga cuidado de no quemar el cuerpo.

## Desollar

Desollar un cerdo es, en muchos sentidos, como desollar un ciervo. Tenga cuidado de no contaminar el cuerpo durante el proceso. Utilice un cuchillo afilado, manteniendo el lado afilado de la hoja alejado del cuerpo para evitar cualquier tipo de daño, incluyendo la contaminación de la carne. Algunas personas prefieren trabajar con una mano limpia y otra sucia. Si utiliza este método, no confunda ninguna de las dos manos, ya que podría correr el riesgo de contaminar la carne. Comience a desollar el cerdo desde las patas a medida que avanza hacia el centro del cuerpo. Si el cerdo era macho, tendrá que quitar también el pene.

### Retire la cabeza

Diríjase a lo que consideraría la parte trasera del cuerpo. En la base de la cabeza del cerdo, haga una incisión que deje al descubierto la columna vertebral (vértebras). Aquí será útil la sierra, ya que la utilizará para separar la cabeza del resto del cuerpo. Un cuchillo puede funcionar, pero requiere una mano hábil.

Siga cortando hasta que encuentre la tráquea, que es una estructura rígida punteada por un par de anillos de cartílago. Siga cortando hasta que la cabeza quede separada del cuerpo.

### Eviscerado

También conocido como evisceración, el eviscerado es el siguiente paso después de desollar y quitar la cabeza. En primer lugar, hay que quitar el tapón, comúnmente conocido como ano. Corte alrededor de esta zona con el cuchillo. Tenga cuidado de no cortar el jamón de los músculos de la pata. El tapón debe estar suelto. Retírelo y póngalo a un lado para seguir destripando.

Diríjase al vientre, donde se unen las patas traseras, y mantenga el cuchillo en una posición adyacente a la longitud del cerdo. Evite apuñalar el cuerpo, ya que esto solo daña la carne y posiblemente perfora los intestinos y otros órganos. Esto debería abrir el cuerpo y dejar espacio para la inserción de una mano. Introduzca un cuchillo con la mano dentro del vientre y asegúrese de que la hoja esté en ángulo recto para destripar el cuerpo hasta el esternón. Una vez abierto, continúe eviscerando otras zonas con cuidado para evitar dañar cualquier órgano interno.

### Inspeccione el cuerpo

Los órganos son esenciales para su mercado objetivo. Por lo tanto, es mejor inspeccionar primero estos órganos antes de continuar. Compruebe si hay algún signo de daño, enfermedad o infección. Empiece por el hígado y compruebe si hay algún signo de infección parasitaria. Habrá pequeñas líneas blancas que indiquen una posible infección parasitaria. El corazón puede tener abscesos si no está sano.

En general, se busca cualquier cosa que parezca inusual. Por ejemplo, los pulmones tendrán bultos duros, que indican nódulos malignos. Crecen rápidamente en los pulmones e indican la presencia de células cancerosas. Si quiere conservar órganos como los riñones, el corazón o incluso el hígado, debe separarlos. Retire primero la vesícula biliar y saque con cuidado los riñones. Suelen tener una fina membrana que hay que despegar al hacerlo.

### Quitar la reserva grasa

Los cerdos son conocidos por su alto contenido en grasa. Ninguna parte tiene más que la zona cercana a la cavidad abdominal. La reserva de grasa es el gran depósito de grasa que se encuentra en el revestimiento abdominal interno del cerdo. Para fines comerciales, es esencial eliminar esta grasa. Puede hacerlo usted mismo, ya que esta tarea es bastante sencilla. Comience por separar la grasa del músculo utilizando cuidadosamente la cuchilla. Tenga cuidado con la colocación de la mano para evitar lesiones. Esta grasa tiene muchos fines; uno de ellos es hacer manteca de cerdo. Si no tiene ningún uso para esta grasa, deséchela.

### Enjuagar el cuerpo

Antes de enjuagar el cuerpo, corte la cintura pélvica que se abre entre las patas traseras. Si el cuerpo del cerdo es bastante joven, este proceso debería ser fácil. Los cerdos maduros o mayores son un poco más rígidos. Es posible que tenga que utilizar una sierra durante este proceso. Después, utilice la sierra para romper el esternón por la mitad, de modo que la columna vertebral sea lo único que mantenga unido el cuerpo. De cara al interior del cuerpo, divídala en dos forzando una sierra afilada a través de la espina dorsal. Compruebe la firmeza del cuerpo que cuelga para evitar cualquier lesión.

Después, puede enjuagarlo cómodamente con agua caliente. Atomice el cuerpo con un atomizador de jardín lleno de ácido acético al 2%. El ácido acético, que se encuentra sobre todo en el vinagre blanco, ayuda a combatir el desarrollo de infecciones bacterianas. Compruebe la concentración antes de empezar.

### Conservación por enfriamiento

Como se ha mencionado anteriormente, necesitará un congelador grande o una cámara frigorífica en la que quepa todo el cuerpo. La temperatura debe ser 38 °F. Si una cámara frigorífica no es una opción, entonces lo mejor sería cortar el cuerpo en trozos más pequeños. Es aconsejable tener cuatro trozos manejables de cada lado del cuerpo para enfriarlo. Coloque estos trozos en una envoltura de plástico antes de ponerlos en la nevera durante un periodo recomendado de 24 horas. Recuerde que las piezas del cuerpo deben estar heladas para garantizar su conservación. Evite envolver las piezas del cuerpo. Asegúrese de que haya espacios alrededor de las piezas del cuerpo para que se enfríen adecuadamente. Recuerde mantener las manos limpias

### Elimine los productos no deseados o no comestibles

Hay ciertas partes del cadáver que debe desechar, ya que la mayoría de la gente no les da uso. Por ejemplo, algunos órganos, la cabeza, la piel y las patas. Es aconsejable disponer de una fosa de eliminación para estos fines. Pero antes, póngase en contacto con las autoridades locales para conocer las disposiciones sobre eliminación de restos animales.

Solo en 2015 se sacrificaron más de 100 millones de cerdos para obtener carne con fines comerciales. Por ello, es importante conocer el nivel de producción de carne con el que se trabaja. Los criadores de cerdos a pequeña escala deberían considerar la posibilidad de sacrificar los animales ellos mismos porque tiene sentido desde el punto de vista económico. Sin embargo, hay algunas preguntas de tipo «hágalo usted mismo» (DIY) que puede tener, como se explica a continuación.

## ¿Es posible subcontratar el sacrificio de cerdos?

La carnicería de animales no es del agrado de todos, y con razón. Comprar todo el equipo es un esfuerzo costoso que quizá no esté preparado para hacer. Además, las habilidades para descuartizar un cerdo requieren años y años de práctica antes de conseguirlo. En este caso, ¿es bueno consultar a un carnicero local para obtener sus servicios?

La subcontratación está bien, pero hay que tener en cuenta un par de factores. Por ejemplo, ¿cuántos cerdos quiere sacrificar? Si son muchos, necesitará un camión o remolque grande para que quepan todos. El principal problema del transporte de estos animales es que se estresan. El estrés puede afectar negativamente la calidad del cuerpo. El estrés hace que el cuerpo segregue hormonas relacionadas con este, lo que podría tener un efecto perjudicial en la calidad de la carne. Además, hay que tener a los cerdos relajados entre 12 y 24 horas antes del sacrificio.

En segundo lugar, hay que tener en cuenta el precio total del sacrificio. Una de las ventajas de hacerlo uno mismo es la rentabilidad. Recuerde que el objetivo es ahorrar lo máximo posible minimizando los costes.

# Capítulo 10: Doce consejos para su negocio de cría de cerdos

Ser un criador de cerdos como negocio solo requiere una pequeña inversión en equipos y construcción. Ofrece una rápida rentabilidad gracias al peso comercializable de los cerdos. Los cerdos se consideran uno de los animales más eficientes de criar. Producen más peso vivo a partir de un alimento que cualquier otro animal productor de carne.

Ganar dinero con la cría de cerdos no tiene que ver con el número de cerdos que posea, sino con lo bien que gestione los animales que tiene. Tampoco se trata del número de cerdas que críe, sino del número de lechones y del coste.

Mucha gente se pregunta cuántos cerdos se necesitan para que sea rentable o para mantenerlos. No es una pregunta fácil de responder debido al número de variables. Todo depende de lo bien que conozca a sus cerdos, la nutrición de los mismos y las expectativas del mercado. Por ejemplo, criar 100 cerdas que le den camadas desnutridas con cuerpos pobres hará que su negocio fracase. Criar 20 cerdas que produzcan dos camadas grandes al año puede ser rentable.

Hay varias preguntas que debe hacerse antes de embarcarse en este negocio:

1. ¿De dónde va a sacar los cerdos?

2. ¿De dónde va a sacar el pienso?

3. ¿Dónde está el matadero privado más cercano?

4. ¿Dónde está la venta de ganado más cercana?

La cría rentable de grandes animales no es tan fácil como nos gustaría. El criador de cerdos puede enfrentarse a diferentes retos: el ritmo de crecimiento de la camada, el número de lechones que puede parir una cerda, el tamaño de la camada e incluso la carne de cerdo contaminada. Con los consejos que se exponen a continuación, podrá llevar la cría al siguiente nivel:

### 1. ¿Por qué empezar a criar cerdos?

La rentabilidad de este negocio depende del tipo de carne que quiera vender. Al ser destazado, el cerdo produce más de la mitad de carne pura. Una libra de carne de cerdo se vende a unos 4 dólares. El cerdo promedio pesa 265 libras y, a su vez, da 146 libras, por lo que puede generar 511 dólares.

Hay otras formas de ganar dinero con la cría de cerdos, además de la venta de carne. Los criadores de cerdos pueden optar por vender cerdos recién nacidos o vender el estiércol como abono. Depende de usted la mejor fuente de ingresos. La carne de cerdo procesada para hacer embutidos es una causa que vale la pena. Es vital tener en cuenta que la rentabilidad del negocio porcino depende de los precios del grano y del cerdo.

### 2. Conozca su mercado/identifique a su comprador

La pregunta más importante que debe hacerse antes de iniciar su negocio de cría, ¿hay demanda? ¿Quién comprará sus cerdos cuando los haya criado? Una vez que haya averiguado la respuesta a esta pregunta, podrá decidir cuál es la raza más adecuada. Puede vender destetados, *baconers* o *porkers*. Los *baconers* tienen un precio más alto, pero cuesta más criarlos hasta su tamaño estándar.

Si acaba de aprender a criar cerdos, los destetados son la mejor opción. Estos cerdos acaban de ser destetados y pesan algo menos de 40 kg. También son más rápidos de producir y más rentables. Debe calcular bien para pagar los gastos antes de vender un cerdo. Tenga en cuenta también el margen de ganancia, ya que fluctúa cada año.

Los precios del mercado fluctúan en función de la oferta de carne de cerdo. Esto también afecta al precio de los piensos, especialmente del maíz. La harina influirá mucho en el coste total de producción.

### 3. Comprar su primer cerdo

Es mejor pagar más por un buen cerdo que pagar menos por uno de menor calidad. Debe examinar adecuadamente el cerdo antes de realizar cualquier compra. Las siguientes son algunas de las preguntas que debe hacer:

- La edad del cerdo
- Las dolencias anteriores
- Rondas de vacunación
- ¿Es un adulto?
- Motivo de la venta

Revise al cerdo mientras está tumbado. Observe si está cómodo y relajado. Compruebe la respiración del animal; el pecho debe contraerse y expandirse, no la barriga. Puede comprobar las reacciones del cerdo haciendo ruidos repentinos o silbando; el cerdo debe mirarle si está sano.

Examine al animal mientras está de pie. ¿Cómo se ve el peso del cerdo? ¿Está demasiado gordo o demasiado flaco? Si las caderas, los hombros, las costillas y la columna vertebral son visibles, entonces está demasiado flaco. Si hay rollos de grasa en su cuello, entonces es demasiado gordo. Si está demasiado gordo no es un buen indicio, ya que puede no criarse bien; también indica que puede sufrir problemas de patas y piernas. Hay que revisar la tos, la diarrea, el estreñimiento, los estornudos y los picores.

Es fundamental comprobar si el lomo del cerdo está recto. El pelaje debe ser brillante, la piel debe estar sana y limpia, no debe haber hinchazón en la cabeza, el cuerpo o las extremidades, las patas del cerdo deben ser rectas y fuertes.

### 4. Métodos de cría de cerdos para obtener beneficios

Hay muchas formas de criar cerdos. Se pueden utilizar corrales, placas de hormigón, pastos o incluso recintos de madera. No es necesario comenzar con una gran operación de cría de cerdos para obtener una ganancia considerable. Pero tendrá que saber cómo se van a criar los cerdos.

Asegure el cercado de su terreno. Si prefiere el cercado eléctrico, deberá entrenar a sus cerdos para que no toquen el alambre. Puede construir la cerca con tablas, postes y palos. Los cerdos, en un entorno natural, pueden buscar raíces y alimentarse tal y como la naturaleza lo ha previsto; luego se puede añadir grano para estimular el crecimiento.

El periodo que transcurre desde la compra de un cerdo para carne hasta su venta puede ser de seis a ocho meses. Existe un amplio mercado para una granja de pequeño tamaño. Los cerdos confinados criados comercialmente no son tan sabrosos como la carne de cerdo de las pequeñas granjas.

### 5. Razas de cerdos para el negocio

Cuatro razas de cerdos rentables que asegurarán su negocio. Son:

#### a) Blanco grande

Se trata de una excelente elección a la hora de iniciar su negocio porcino. Es un animal extremadamente grande, magro y activo, que puede adaptarse a diferentes cambios climáticos y tiene una larga vida. El blanco grande también es conocido por su producción de tocino y carne de calidad. La mejor característica es su capacidad para cruzarse con otros cerdos y producir eficazmente la mejor carne.

### b) SA Landrace

Se trata de una raza autóctona local que es famosa por su gran potencia. El cerdo puede vivir en cualquier terreno, ya que su resistencia a las enfermedades es muy alta. Es una gran elección si quiere abastecerse localmente.

### c) Duroc

Es popular entre los ganaderos a pequeña escala que quieren aprovechar el cuerpo de los cerdos. El cerdo tiene una alta proporción de transformación de la grasa en grasa corporal. Tiene una de las mejores calidades de carne, ya que es jugosa y tierna.

### d) Kolbroek

Es un cerdo autóctono mucho más pequeño que la mayoría de los cerdos modernos. Tiene patas más robustas, pies fuertes y es muy resistente. Es famoso por su habilidad para buscar comida y por convertirla en raciones de alto contenido en grasas.

Los cerdos mencionados anteriormente son las mejores razas cuando se quiere iniciar un negocio de porcino. Son eficientes y, por tanto, garantizan un alto rendimiento si se mantienen adecuadamente.

Los cerdos de engorde son estacionales y no son muy necesarios. La mejor temporada para los cerdos es la primavera. Los cerdos no son tan populares en los meses más fríos, por lo que no es buena idea criar esos cerdos en bosques o pastos. La temporada de exposiciones es más frecuente en la temporada de primavera. El tiempo para los cerdos de alimentación es esencial para considerar el precio y la disponibilidad.

### 6. Productos porcinos

El lechón puede venderse entre las dos y las seis semanas de vida. Es el ingrediente más común de los embutidos. Otras partes del cerdo se utilizan como productos alimenticios, como los laterales para el tocino, las paletas y las patas.

### a) Órganos internos

Los órganos internos pueden utilizarse para la alimentación de mascotas, la cirugía de válvulas cardíacas y la insulina (el páncreas).

### b) Piel de cerdo

La piel de los cerdos puede utilizarse para fabricar colágeno para la cirugía plástica. El colágeno también es beneficioso para fabricar barritas energéticas, mantequilla, películas de rayos X, pan y cápsulas de medicamentos. Los tatuadores utilizan la piel de cerdo para practicar sus habilidades.

### c) Huesos de cerdo

Se pueden utilizar para una gran variedad de cosas, como corchos de vino, papel de inyección de tinta, hormigón, suavizante, frenos de tren, cerveza, vino e incluso helados.

### d) Grasa de cerdo

La grasa de cerdo se utiliza para el jabón, el biodiésel, los lápices de colores y el champú.

### e) Sangre de cerdo

Se puede utilizar para fabricar filtros de cigarrillos, alimentos para peces, pasta de dientes y colorante en algunos tipos de jamón.

### f) Pelo y orejas

El pelo de cerdo se utiliza para fabricar cepillos de cerdas, y las orejas de cerdo se utilizan en las pruebas de armas químicas.

### 7. Alimentación de los cerdos

Recuerde que la alimentación de sus cerdos afecta en gran medida a la tasa de crecimiento y su salud general. Para producir carne de cerdo de buena calidad, invierta en la alimentación de los cerdos. Los distintos cerdos requieren una nutrición diferente. Estos son los diferentes grupos:

- Verracos y cerdas preñadas
- Cerdos de tres a diez semanas

- Cerdos de más de 60 kg
- Cerdas con lechones

Asegúrese de que las proteínas, las vitaminas, los minerales y la energía digerible estén en las cantidades adecuadas antes de alimentar a los cerdos. Es aconsejable mezclar el pienso en su granja en lugar de comprarlo ya preparado. Consulte a un experto antes de decidir. Asegúrese de que los cerdos tengan siempre acceso a agua limpia y fresca.

Los cerdos pueden comer todo tipo de residuos alimentarios, desde los restos de la cocina comercial hasta los pastos de la tierra. Debe encontrar una fuente fiable para sus cerdos. Mucha gente prefiere los piensos en bolsa o molidos de una tienda o molino local.

El pienso de las fábricas es mucho más barato que comprar bolsas de pienso en la tienda. Asegúrese de que si va a recoger pienso del molino sea suficiente para dos o tres semanas.

### 8. ¿A qué edad se debe vender?

Los de producción de carne se venden a productores o granjas que quieren criarlos para que alcancen el peso de mercado. Suelen pesar entre 35 y 50 libras. Suelen ser muy jóvenes y estar recién destetados. Los cerdos de engorde no son caros de alimentar.

Los cerdos de cría, también conocidos como cerdos terminales, pesan más de 50 libras y se alimentan para alcanzar el peso de mercado. Los cerdos de cría suelen aportar más dinero, pero también necesitarán más alimento. Conozca la edad de los lechones y su peso antes de etiquetarlos. Los reproductores se componen de cerdas y verracos. Un verraco puede servir para unas cuantas cerdas y cerdas jóvenes.

### 9. Costes de un negocio de cerdos

Su ganancia depende del número de lechones que produzcan sus cerdas. Para conseguir el máximo beneficio, debe conseguir que las cerdas tengan el mayor número de camadas y que se comercialicen bien. Necesitará

- Un alojamiento adecuado

El alojamiento le permitirá criar a sus cerdos de forma eficiente y cómoda. Asegúrese de que su vivienda esté bien mantenida y limpia. Hay que tener en cuenta la infraestructura a la hora de criar un cerdo.

- Control de enfermedades

Asegúrese de que puede controlar fácilmente la propagación de enfermedades. Las condiciones de su granja deben ser limpias y debe tomar medidas de precaución.

- Alimentación

Los cerdos son animales muy productivos, crecen bien, y su alimentación eficiente les ayuda a producir cuerpos grandes. La comida es la mayor preocupación para la mayoría de los pequeños ganaderos. Para minimizar el coste de la alimentación, tendrá que esforzarse por evitar el despilfarro, seleccionar un pienso rentable y, en ocasiones, mezclar su propio pienso.

# Costes adicionales

- Transporte
- Combustible
- Gastos de veterinario
- Medicamentos
- Gastos de sacrificio
- Congelador
- Gastos de reparación y mantenimiento
- Trabajo
- Animales adicionales

Otros gastos varían desde medicamentos desparasitantes, inyecciones de hierro y camas de paja para ayudarle en el cuidado de los cerdos.

### 10. La necesidad de marketing

Es crucial crear un plan de marketing para su negocio. Tenga en cuenta que los cerdos con peso de mercado pueden venderse a través de subastas y plantas de procesamiento. Para obtener más beneficios, considere la posibilidad de vender cerdos ligeros para asar en las fiestas, cerdos de alimentación a los expositores jóvenes y cerdos de raza pura a los productores. Puede explorar otras vías, como carnicerías, tiendas de comestibles, mercados agrícolas y restaurantes. También hay servicios de reparto de comida ecológica que buscan carne de cerdos bien criados de pequeños productores.

Es esencial tener en cuenta las oportunidades de marketing digital. Puede crear su propio sitio web para su marca, incluir su negocio en directorios electrónicos, ofrecer promociones en línea y hacer publicidad en línea.

### 11. Necesidad de mano de obra cualificada

El proceso de parto requiere un trabajador cualificado para que las cerdas puedan parir y garantizar una camada sana. Es vital que los cerdos sean alimentados diariamente, vacunados, tratados contra los parásitos, y que su corral se mantenga limpio y saludable. Estos servicios son necesarios durante todo el año para el bienestar del cerdo. Es necesario seleccionar cuidadosamente los cerdos para asegurar la máxima ganancia.

### 12. Opciones de venta para sus cerdos

Existen diferentes opciones a la hora de vender sus cerdos. Puede utilizar la subasta en vivo, los clientes directos y los cortes al por menor. Las personas que venden sus cerdos directamente a los clientes rara vez se ven afectadas por el mercado de valores. Cuando el mercado de valores se desploma, puede ser necesario participar en subastas en vivo para ayudar al negocio.

### Vender a través de las subastas de ganado

Hay mucha gente a la que le gusta la carne de cerdo de cosecha propia en lugar de comprarla en granjas comerciales. El sabor es mejor en la carne de estas granjas. No hay mucho mercado para la gente que quiere vender carne de cerdo en las tiendas de cadena.

### Venta directa a los clientes

La mejor manera de obtener el dinero de los clientes en su negocio es vender directamente al consumidor. Para que su negocio prospere, tendrá que invertir dinero en marketing, ventas y horarios. Puede optar por vender sus cerdos enteros, en mitades o en trozos al por menor. Si opta por vender la carne de cerdo al por menor, necesitará una etiqueta de granja de un matadero para que pueda tener un mayor alcance.

Los productos básicos dependen de la oferta y la demanda del mercado. Cuando los precios son bajos en el mercado, los productores dejan de producir para estimular la demanda. Como pequeño ganadero, hay que mantener los costes bajo control. Si vende al mercado privado, no se verá afectado por este. Cuando invierta en cualquier producto del mercado, averigüe las tendencias y los precios.

# Vea más libros escritos por Dion Rosser

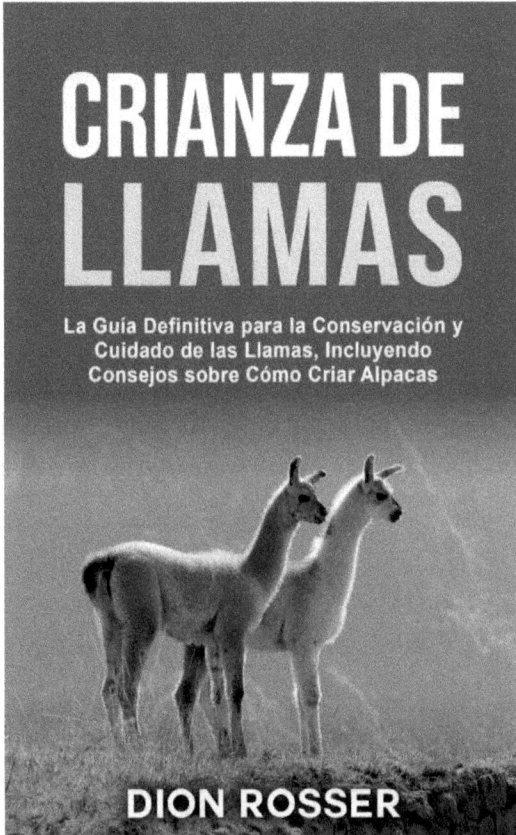

## CRIANZA DE LLAMAS

La Guía Definitiva para la Conservación y Cuidado de las Llamas, Incluyendo Consejos sobre Cómo Criar Alpacas

**DION ROSSER**

# Referencias

Board, N. P. (n.d.). Manejo seguro de animales. Portal de información porcina. http://porkgateway.org/resource/safe-animal-handling/

Cooperativa, S. S. (s.f.). 5 Buenos consejos para la cría de cerdos | Southern States Co-op. Www.Southernstates.Com. https://www.southernstates.com/farm-store/articles/5-great-pig-farming-tips

Alimentando a los cerdos. (2014, 2 de abril). The Elliott Homestead. https://theelliotthomestead.com/2014/04/what-to-feed-a-pastured-pig/

Manejo y sujeción de los cerdos. (2019, 8 de octubre). Thepigsite.Com. https://www.thepigsite.com/articles/handling-and-restraining-pigs

Cómo descuartizar cerdos (en casa o en la granja). (2014, 14 de octubre). The Elliott Homestead. https://theelliotthomestead.com/2014/10/how-to-butcher-pigs/

¿La cría de cerdos es un negocio rentable? Análisis del mercado en 2020. (2019, 19 de septiembre). BusinessNES. https://businessnes.com/is-pig-farming-profitable-business-market-analysis/

Norris, M. K. (2015, 13 de marzo). 10 Razones para criar cerdos. Real World Survivor. https://www.realworldsurvivor.com/2015/03/13/10-reasons-to-raise-pigs/

Razas de cerdos: Una guía práctica para elegir las mejores. (2019, 19 de abril). Reformation Acres. https://www.reformationacres.com/2018/01/choosing-pig-breed.html

Corrales de cerdos o praderas para cerdos. (2014, 25 de julio). Timber Creek Farm. https://timbercreekfarmer.com/pig-pens-or-pig-pastures/

La cría de cerdos: Pros y Contras. (2014, 11 de diciembre). The Prairie Homestead. https://www.theprairiehomestead.com/2014/12/raising-pigs.html

Biología reproductiva 101. (2003, 15 de febrero). National Hog Farmer. https://www.nationalhogfarmer.com/mag/farming_reproductive_biology

Snyde, C. W. (n.d.). Cómo sacrificar a un cerdo criado en casa – Ganadería sostenible. Mother Earth News. https://www.motherearthnews.com/homesteading-and-livestock/how-to-butcher-a-homestead-raised-hog-zmaz82sozgoe

¿Cuáles son los beneficios de criar cerdos? | Blog de ganadería de las Montañas Blancas. (2019, 23 de enero). White Mountains Livestock Company. https://www.whitemountainslivestock.com/blog/swine-blog/general-tips/what-are-the-benefits-of-raising-pigs/

www.ingramcontent.com/pod-product-compliance
Lightning Source LLC
Chambersburg PA
CBHW050643190326
41458CB00008B/2403